新型职业农民培育工程规划教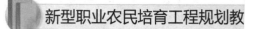

U0271994

新型职业农民培育必读

◎ 彭晓明　张　锴　主编

中国农业科学技术出版社

图书在版编目（CIP）数据

新型职业农民培育必读／彭晓明，张锴主编．—北京：中国农业科学技术出版社，2015.6

（新型职业农民培育工程规划教材）

ISBN 978 - 7 - 5116 - 2117 - 7

Ⅰ. ①新… Ⅱ. ①彭…②张… Ⅲ. ①农民教育 - 职业教育 Ⅳ. ①G725

中国版本图书馆 CIP 数据核字（2015）第 116157 号

责任编辑　徐　毅
责任校对　贾海霞

出　版　者　中国农业科学技术出版社
　　　　　　北京市中关村南大街 12 号　邮编：100081
电　　　话　(010)82106631(编辑室)　　(010)82109702(发行部)
　　　　　　(010)82109709(读者服务部)
传　　　真　(010)82106631
网　　　址　http://www.castp.cn
经　销　者　各地新华书店
印　刷　者　北京富泰印刷有限责任公司
开　　　本　850mm×1168mm　1/32
印　　　张　6.875
字　　　数　150 千字
版　　　次　2015 年 6 月第 1 版　2015 年 6 月第 1 次印刷
定　　　价　26.00 元

新型职业农民培育工程规划教材

《新型职业农民培育必读》

编　委　会

序

    随着城镇化的迅速发展，农户兼业化、村庄空心化、人口老龄化趋势日益明显，"关键农时缺人手、现代农业缺人才、农业生产缺人力"问题非常突出。因此，只有加快培育一大批爱农、懂农、务农的新型职业农民，才能从根本上保证农业后继有人，从而为推动农业稳步发展、实现农民持续增收打下坚实的基础。大力培育新型职业农民具有重要的现实意义，不仅能确保国家粮食安全和重要农产品有效供给，确保中国人的饭碗要牢牢端在自己手里，同时有利于通过发展专业大户、家庭农场、农民合作社组织，努力构建新型农业经营体系，确保农业发展"后继有人"，推进现代农业可持续发展。培养一批具有较强市场意识，有文化、懂技术、会经营、能创业的新型职业农民，现代农业发展将呈现另一番天地。

    中央站在推进"四化同步"，深化农村改革，进一步解放和发展农村生产力的全局高度，提出大力培育新型职业农民，是加快和推动我国农村发展，农业增效，农民增收重大战略决策。2014年农业部、财政部启动新型职业农民培育工程，主动适应经济发展新常态，按照稳粮增收转方式、提质增效调结构的总要求，坚持立足产业、政府主导、多方参与、注重实效的原则，强化项目实施管理，创新培育模式、提升培育质量，加快建立"三位一体、三类协同、三级贯通"的新型职业农民培育制度体系。这充分调动了广大农民求知求学的积极性，一批新型职业农民脱颖而出，成为当地农业发展，农民致富的领头人、主力军，这标志着我国新型职业农民培育工作得以有序发展。

　　我们组织编写的这套《新型职业农民培育工程规划教材》丛书，其作者均是活跃在农业生产一线的技术骨干、农业科研院所的专家和农业大专院校的教师，真心期待这套丛书中的科学管理方法和先进实用技术得到最大范围的推广和应用，为新型职业农民的素质提升起到积极地促进作用。

高地动

2015 年 5 月

前　言

　　党中央国务院站在"三化"同步发展全局，提出大力培育新型职业农民，这是解决未来"谁来种田"问题作出的重大决策，抓住了农业农村经济发展的根本和命脉。农业部启动实施了新型职业农民培育工程，各地结合实际，制定了培育新型职业农民的方向目标、认定标准、实施办法和扶持政策，探索积累了培育新型职业农民的经验，奠定了我国培育新型职业农民发展的基础。2014年国务院及有关部门相继出台了相关文件，使新型职业农民培育工作更加健康有序，使新型职业农民得到更多实惠，也将进一步调动新型职业农民从事农业生产的积极性和主动性，有力地促进我国农业经济发展。

　　本书从帮助读者了解新型职业农民基础知识入手，介绍了新型职业农民的培育方法、认定程序，简述了新型农业经营主体定义及功能选编了国家和地方的扶持政策，列举了典型案例等。由于我国新型职业农民培育工作刚刚起步，为让新型职业农民了解新的知识和政策，本书选用了大量的领导、专家有关论述。在此对有关领导和专家由衷地表示感谢！

　　由于时间仓促，加之编者水平有限，书中多有不当之处，敬请读者批评指正。

编者

2015 年 5 月

目　　录

第一章 为什么要大力培育新型职业农民

第一节 新型职业农民产生的背景

大力培育新型职业农民，是党中央国务院站在"三化"同步发展全局，解决未来"谁来种田"问题作出的重大决策，抓住了农业农村经济发展的根本和命脉。我国目前正处于传统农业向现代农业转化的关键时期，大量先进农业科学技术、高效率农业设施装备、现代化经营管理理念越来越多地被引入到农业生产的各个领域，迫切需要高素质的职业化农民。然而，长期的城乡二元结构，农民成了生活在农村、收入低、素质差的群体，是贫穷的"身份"和"称呼"，而不是可致富、有尊严、有保障的职业。在工业化、城镇化的发展进程中，农民们发现，他们一样可以到城市挣钱，特别是青年农民对在农村种田已经彻底放弃，虽然在城市扎不下根，但仍然愿意留在城市，除非老了、干不动了，才会回到农村种田。从农村出去的大中专学生，甚至农业院校毕业的学生，更是不愿意回到农村工作。如果不早作准备，及时应对，今后的农村将长期处于老龄化社会，今后"谁来种田"问题绝不是危言耸听。因此，必须进行一系列制度安排和政策跟进，一方面引导优秀的人才进入农村；另一方面大力发展农民教育培训事业，培养新型职业农民。对于新型职业农民，国家要加大政策扶持力度。要有一个强烈的信号，让他们有尊严、有收益、多种田、种好田。要通过规模种植补贴、基础设施投入、扶

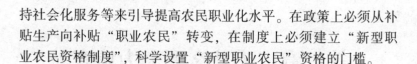

持社会化服务等来引导提高农民职业化水平。在政策上必须从补贴生产向补贴"职业农民"转变，在制度上必须建立"新型职业农民资格制度"，科学设置"新型职业农民"资格的门槛。

一、农村劳动力现状

随着城镇化的迅速发展，大量农村劳动力从农业转向非农业，从乡村流动到城镇，农户兼业化、村庄空心化、人口老龄化趋势明显。在一些地方，转移出去的农民工72%是"80后"、"90后"的青壮年劳动力，其中，76%表示不愿意再回乡务农，85%从未种过地。2012年我国农民工数量达到2.6亿人，每年还要新增900万~1 000万人，大量青壮年外出务工。据陕西省调查：有26%的举家外出农户，20%留守农户，转移比例平均60%，高的70%~80%。据2013年《中国农民工调研报告》显示，目前，我国农村劳动力中接受过初级职业技术培训或教育的占3.4%，接受过中等职业技术教育的占0.13%，而没有接受过技术培训的高达76.4%。据河南省务农劳动力的文化程度、性别比例、年龄结构、从业状况和培训调查情况，具体表现为"五多五少"：一是文化程度低的多，文化程度高的少。小学以下文化程度的占31%，初中文化程度的占59%，高中以上文化程度的占10%。二是女性劳动力多，男性劳动力少。女性劳动力所占比重为63%，比男性劳动力高26个百分点。三是年龄大的多，青壮年少。45岁以上占60%。四是兼业农民多，专业农民少。多数务农农民农忙时在家务农，农闲时外出打工。五是未受过系统培训的多，接受过系统培训的少。接受过系统培训的农民仅占务农农民总量的5%。造成上述状况的原因主要是外出务工的经济收入远高于务农的收入，致使大批文化程度较高的青壮年农民转移到二、三产业就业，而且这一趋势随着国家工业化、城镇化的推进，还将继续下去。

二、未来农村谁来种地

鉴于大批文化程度较高的青壮年外出务工，目前，我国农业劳动力供求结构进入总量过剩与结构性、区域性短缺并存的新阶段。关键农时缺人手、现代农业缺人才、新农村建设缺人力问题日趋凸显，随着农村劳动力大量向非农产业转移，农业兼业化、农村空心化、农民老龄化的问题日趋严重。全国农民工达到2.7亿人，一些地方农村劳动力外出务工比重高达70%～80%，在家务农的劳动力平均年龄超过55岁。到2020年，我国城镇化率将达到60%，比2013年提高6.3个百分点，农村劳动力加快转移，结构性短缺将更加突出。正像习近平总书记指出的"农村经济社会发展，说到底，关键在人。没有人，没有劳动力，粮食安全谈不上，现代农业谈不上，新农村建设也谈不上，还会影响传统农耕文化保护和传承"。习近平总书记强调，中国人的饭碗要牢牢端在自己手里，我们自己的饭碗主要要装自己生产的粮食。今后中国提高农业综合生产能力，让十几亿中国人吃饱吃好、吃得安全放心，最根本的还得依靠农民，特别是要依靠高素质的新型职业农民。大学生村官、最年轻的广东省人大代表赵雪芳所在的广东省乳源县东坪镇汤盆村，如今很难再见到什么年轻人了。这个总共16户人家200多口人的村子，如今可以数得上来的35岁以下年轻人只剩下2～3个。刚到汤盆村工作时，赵雪芳想带着村民们种水果、种大棚蔬菜，一心想要带领村民致富。但"回到农村"这个天真的想法，本身就给她下一步工作的开展埋了颗"雷"。

据全国人大代表、广西壮族自治区陆川县乌石镇陆河村村党支部书记梁丽娜介绍，陆河村全村4 000多口人，50%以上都在广东打工，留守在村里的，除了老人，就是妇女和儿童。

三、培育新型职业农民刻不容缓

最早提出新型职业农民培养是 2005 年年底，农业部《关于实施农村实用人才培养百万中专生计划的意见》文件，第一次提出培养职业农民这个概念。文件指出，培养对象是：农村劳动力中具有初中（或相当于初中）及以上文化程度，从事农业生产、经营、服务以及农村经济社会发展等领域的职业农民。

2006 年年初，农业部提出要由农业院校和农民培训机构，招收 10 万名具有初中以上文化程度，从事农业生产、经营、服务及农村经济社会发展等领域的职业农民，培养成有文化、懂技术、会经营的农村专业人才。

2007 年 1 月，《中共中央国务院关于积极发展现代农业扎实推进社会主义新农村建设的若干意见》提出培养有文化、懂技术、会经营的新型农民。

2007 年 10 月，新型农民的培养写进了党的"十七大"报告。职业农民、新型农民概念的提出，是新农村建设理论和实践领域的重大创新。

新型农民与职业农民的内涵既有区别，也有联系。新型农民泛指从事现代农业的农民，强调的是一种身份，而不是一种职业；职业农民范围较小，专指从事农业生产和经营，以获取商业利润为目的的独立群体，是一种职业。职业农民是新型农民的一个组成部分。

2012 年中共中央"一号文件"聚集农业科技，着力解决农业生产力发展问题，明确提出大力培育新型职业农民。同年 8 月，农业部在安徽召开会议，部署新型职业农民培育试点工作，新型职业农民培育工作就此拉开序幕。会议要求各级农业部门把培育新型职业农民作为重要职责，积极争取当地政府和有关部门的重视和支持，将其放在"三农"工作的突出位置，采取有力措施，培养和稳定现代农业生产经营者队伍，壮大新型生产经营主体。

2014 年的中央农村经济工作会议，对农村改革提出了明确要求。大力培育新型职业农民，是深化农村改革、增强农村发展活力的重大举措，也是发展现代农业、保障重要农产品有效供给的关键环节。而新型职业农民是以农业为职业，具有一定的专业技能，有一定生产经营规模，收入主要来自农业的现代农业从业者。

2014 年 3 月教育部办公厅农业部办公厅下发了《中等职业学校新型职业农民培养方案试行》的通知，以服务现代农业发展和社会主义新农村建设为宗旨，以促进农业增效、农民增收、农村发展为导向，以全面提升务农农民综合素质、职业技能和农业生产经营能力为目标，深入推进面向农村的职业教育改革，加快培养新型职业农民，稳定和壮大现代农业生产经营者队伍，为确保国家粮食安全和重要农产品有效供给、推进农村生态文明和农业可持续发展、确保农业后继有人、全面建成小康社会提供人力资源保障和人才支撑。培养具有高度社会责任感和职业道德、良好科学文化素养和自我发展能力、较强农业生产经营和社会化服务能力，适应现代农业发展和新农村建设要求的新型职业农民。

第二节　培养新型职业农民利在当代功在千秋

大力培育新型职业农民，是深化农村改革、增强农村发展活力的重大举措，也是发展现代农业、保障重要农产品有效供给的关键环节。充分认识新型职业农民培育的重要性紧迫性，对加快推进新型职业农民培育工作有着重要意义。培育新型职业农民就是培育"三农"的未来，这是一件使农民由身份转变为职业称谓的历史性工作，是一件推动职业农民在广大农村引领农业现代化的工作，利在当代，功在千秋。

一、确保国家粮食安全和重要农产品有效供给，迫切需要培育新型职业农民

古往今来，足食都是治国安邦的首善大举。古人讲，民以食为天，"洪范八政，食为政首"。对中国这样的人口大国，粮食安全尤为重要，任何时候都不能掉以轻心。党和政府历来高度重视粮食生产，出台了一系列重要政策举措，取得了举世称赞的成就，现在，我国已比较稳定地用不到世界10%的耕地，生产世界1/4的粮食，养活世界1/5的人口。这是对世界粮食安全的重大贡献，用实际行动回答了谁来养活中国人的问题。我国粮食生产实现历史性的"十连增"，棉油糖、肉蛋奶、果菜鱼等全面发展，农产品市场供应充足、品种丰富、价格稳定，为经济社会发展稳定提供了基础支撑。但应看到，在工业化、城镇化进程加快的背景下，在高起点上继续保持粮食发展的好势头，面临更多挑战。主要表现为"五个并存"。

一是农产品需求刚性增长与资源硬约束趋紧并存。影响需求增长有两个因素：一个是人口增长，未来一段时期，我国每年新增人口仍在700万左右；另一个是消费升级，每年新增城镇人口1 000多万。由于人口数量增加和消费结构升级，全国每年大体增加粮食需求100亿kg。同时，耕地、水资源约束持续加剧。我国人多地少水缺，人均耕地、淡水分别仅为世界平均水平的40%和25%。随着工业化、城镇化快速推进，每年要减少耕地600万~700万亩（15亩＝1hm²，全书同），城市生活用水、工业用水和生态用水还要挤压农业用水空间。为了保护和恢复生态环境，还要适度退耕还林还草。需求增长、资源减少，将使粮食等农产品供求长期处于紧平衡状态。

二是农产品供求总量平衡与结构性紧缺并存。20世纪90年代中后期，我国粮食生产快速增长，而消费升级较慢，出现过短暂的总量平衡、丰年有余。但这种供求格局已经改变。从总量看，现在已经有缺口，未来缺口还会继续扩大。预计到2020年，粮食需求总量大约在0.7万亿kg，按照目前0.6万亿kg的产量基数和95%的基本自给率，要保持年度产需基本平衡，每年粮食至少要增产100亿kg。从结构看，现在一些品种缺口较大，未来缺口还会继续扩大。典型的是大豆缺口逐年加大，去年进口大豆超过6 000万t。有限的资源就摆在那儿，增加谷物种植就意味着减少其他作物种植，而需求又都在增加，这种结构性矛盾将长期存在。

三是农业生产成本上升与比较效益下降并存。多年来，国家采取了很多措施，如出台"四补贴"、重点粮食品种最低收购价和临时收储等政策，解决粮食效益低的问题，但成本上涨、效益下降的局面仍未根本改变。从生产成本看，我国农业日益显现"高成本"特征。这些年农资价格、土地租金、人工成本等生产要素都在上涨，特别是过去忽略不计的人工成本快速上涨，农忙时节有的地方一天100多元都请不到人，一些农户特别是种粮大户很难承受。从种植收入看，比较效益偏低并呈下降趋势。多数地方，一亩（1亩≈667m²，全书同）粮食的纯收益只有200～300元，农民说，"辛辛苦苦种一亩田，不如外出打几天工。"这将影响农民的生产积极性。

四是农村劳动力结构性短缺与家庭小规模经营并存。目前，家庭承包经营是我国农村的基本经营制度，这符合我国国情和农业生产特点，具有广泛的适应性和旺盛的生命力，今后仍必须长期坚持并不断完善。现在看，这一经营制度面临"两大挑战"：农业劳动力结构性短缺，"谁来种地"的问题日益突出；土地经营规模小，"怎么种地"的问题日益突出。目前，我国农业人口人均耕地2亩多，几乎是世界上最小的，大约是美国的1/200、阿根廷的1/50、巴西的1/15、印度的1/2。我国现有承包农户

2.3 亿户，在今后相当长一段时期内，广大承包农户仍将是我国农业生产经营的重要主体，小规模经营的格局不会根本改变。

五是基础设施薄弱与自然灾害频发并存。近几年，国家持续加大投入，实施新增千亿斤粮食生产能力规划，加强高标准农田建设，为粮食连年增产发挥了重要作用。但农业基础设施薄弱的问题仍未根本改善，抵御灾害的能力仍然较弱。一方面，农田设施老化。目前，全国大型灌区骨干工程完好率为 60%，中小灌区干支渠完好率仅为 50% 左右，大型灌溉排水泵站老化破损率达 75% 左右。特别是田间渠系不配套，"毛细血管"不通畅，农田灌溉"最后一公里"薄弱，一些地方"旱不能浇、涝不能排"的问题突出。另一方面，气象灾害和生物灾害频发。这些年，极端天气越来越多，突发性、暴发性灾害多发。2000 年以来，全国平均每年因自然灾害损失粮食 400 亿 kg。今后，粮食生产必须始终立足抗灾夺丰收。

所以，我们成功解决了 13 亿人口的吃饭问题，但要把饭碗牢牢端在自己手里，仍然面临很大压力，主要农产品供求仍然处于"总量基本平衡、结构性紧缺"的状况。随着人口总量增加、城镇人口比重上升、居民消费水平提高、农产品工业用途拓展，我国农产品需求呈刚性增长。据预测，今后一段时间我国每年大体增加粮食需求 100 亿 kg、肉类 80 万 t。我们可以更多利用国际市场、国外资源，但国际农产品市场起伏不定，世界粮食安全形势不容乐观，依靠进口调剂余缺的空间有限。只有加快培养一代新型职业农民，调动其生产积极性，农民队伍的整体素质才能得到提升，农业问题才能得到很好解决，粮食安全才能得到有效保障。

二、推进现代农业转型升级，迫切需要培育新型职业农民

当前，我国正处于改造传统农业、发展现代农业的关键时期。农业生产经营方式正从单一农户、种养为主、手工劳动为

主，向主体多元、领域拓宽、广泛采用农业机械和现代科技转变，现代农业已发展成为一、二、三产业高度融合的产业体系。要求全面提高劳动者素质，随着传统小农生产加快向社会化大生产转变，现代农业对能够掌握应用现代农业科技、能够操作使用现代农业物质装备的新型职业农民需求更加迫切。近年来，一是农业技术装备水平不断提高。2012年农业科技进步贡献率达到54.5%，耕种收综合机械化水平达到57%，标志着我国农业发展已进入主要依靠科技进步的新轨道，农业生产方式由几千年来以人力畜力为主转入以机械作业为主的新阶段。但我国农业劳动生产率仍然偏低，仅相当于第二产业的1/8，第三产业的1/4，世界平均水平的1/2。造成这个问题的原因很多，其中，很重要的一条就是支撑现代农业发展的人才青黄不接，农民科技文化水平不高，许多农民不会运用先进的农业技术和生产工具，接受新技术新知识的能力不强。二是农业产业链拉长。随着较大规模生产的种养大户和家庭农场逐渐增多，农业生产加快向产前、产后延伸，分工分业成为发展趋势，具有先进耕作技术和经营管理技术、拥有较强市场经营能力，善于学习先进科学文化知识的新型职业农民，成为发展现代农业的现实需求。培育新型职业农民加快农民从身份向职业的转变，在推动城乡发展一体化中加快剥离"农民"的身份属性。使培育起来的新型职业农民逐步走上具有相应社会保障和社会地位的职业化路子，使有人愿意在农村留下来搞农业。没有高度知识化的农民，就没有高度现代化的农业。发展现代农业，必然要有与之相适应的新型职业农民。只有培养一大批具有较强市场意识，懂经营、会管理、有技术的新型职业农民，现代农业发展才能呈现另一番天地。同时，加大强农惠农富农政策，使培育起来的新型职业农民逐步走上专业化、规模化、集约化、标准化生产经营的现代化路子，使新型职业农民实实在在感受到务农种粮有效益、不吃亏、得实惠。

三、构建新型农业经营体系，迫切需要培育新型职业农民

确保农业发展"后继有人"，关键是要构建新型农业经营体系，发展专业大户、家庭农场、农民合作社、产业化龙头企业和农业社会化服务组织等新型农业经营主体。今后一个相当长时期，农村将是传统小农户、兼业农户与专业大户、家庭农场以及农业企业并存的局面，但代表现代农业发展方向的是新型经营主体、职业农民。新型职业农民是家庭经营的基石、合作组织的骨干、社会化服务组织的中坚力量，也是新型农业经营主体的重要组成。我国农业的从业主体，从组织形态看就是种养大户、合作社、家庭农场、龙头企业等，从个体形态看就是新型职业农民，新型职业农民就是各类新型经营主体的基本构成单元和细胞。只有把新型职业农民培养作为关系长远、关系根本的大事来抓，通过技术培训、政策扶持等措施，留住一批拥有较高素质的青壮年农民从事农业，吸引一批农民工返乡创业，发展现代农业，才能发展壮大新型农业经营主体。并在坚持和完善农村基本经营制度中，加快培育新型生产经营主体，使培育起来的新型职业农民逐步走上"家庭经营＋合作组织＋社会化服务"新型农业经营体系的组织化路子，以解决保供增收长效机制的问题。

四、新型职业农民是生产经营主体，又是受益主体

大力培育新型职业农民具有以下几大好处：一是对于加快构建集约化、专业化、组织化、社会化相结合的新型农业经营体系，将发挥重要的主体性、基础性作用。二是有效促进城乡统筹、社会和谐发展，推进重大制度创新和农业发展方式转变。更是有中国特色农民发展道路的现实选择。三是有助于推进城乡资源要素平等交换与合理配置。截至 2012 年年底，我国城镇化水平达到 52.6%，仍有约 6.4 亿人居住在农村，其中，大部分以从

事农业生产劳动为主。以四川省为例，全省到2015年全城镇化水平达到48%后，农村人口为4 600多万；到2020年实现全面小康、城镇化水平达到51%后，还会有4 400多万农村人口。这些农村人口除一部分劳务输出转移就业外，仍有不少将留在农村从事农业生产。这一庞大群体是我们建设现代农业和实现农业现代化的主体力量，既是发展主体，也应当是受益主体。因此，以新型职业农民为主体发展现代农业和农业产业化经营，使组织起来的农民真正成为建设主体和受益主体，使现代农业发展的过程成为农民增收致富奔小康的过程。

五、加快农业现代化进程，迫切需要培育新型职业农民

农业现代化是指用现代科学技术和现代工业来为农业提供生产的技术手段和物质手段，用现代经济管理方法提供农业生产的组织管理手段，把封闭的、自给自足的、停滞的农业转变为开放的、市场化的、不断增长的农业。现代农业的发展具有六大特征：农业技术的先导性、农业要素的集约性、农业功能的多元性、农业产业经营的一体性、农业效益的综合性和农业发展的可持续性。现代农业的这六大特征要求农民要突破传统经营模式的限制，掌握新的技术与能力。首先，现代农业技术的先导性和要素的集约性、现代农业的生产要素集约性和劳动力集约性对农民的素质提出了更高的要求。其次，现代农业功能的多元性和农业发展的可持续性要求农民树立现代农业发展理念，能够经营好、发展好农业，促使其多功能性及可持续性的发挥。再次，现代农业经营的一体性和效益的综合性则要求农民具备较高的经营服务能力，从事农业经营的农民应具备较高的经营管理能力与市场经济意识，作为市场主体能够应对各种风险挑战，同时，要求部分农民在与农业相关的二、三产业从事农业经营或服务工作，为现代农业的发展提供完善的社会化服务。新型职业农民是一个动态的发展概念，具有鲜明的时代特征和分工分化导向。新型职业农民是以农业为职业，适应现代农业发展需要而从事专业化生产的市场主体，较好地体现出农民从兼业到专业、从身份到职业、从传统到现代农业经营方式的转变过程。在这个意义上，培育新型职业农民，更是推动现代农业发展和提高农民科学文化素质的必要手段。

新型职业农民"有文化，懂技术，会经营"的特点与现代农业发展的要求相适应，培育新型职业农民不仅解决了"谁来种地"的现实难题，更能解决"怎样种地"的深层问题。

第三节　什么是新型职业农民

一、新型职业农民的含义

从我国农村基本经营制度和农业生产经营现状及发展趋势看，新型职业农民是指以农业为职业、具有一定的专业技能、收入主要来自农业的现代农业从业者。新型职业农民是伴随农村生产力发展和生产关系完善产生的新型生产经营主体，是构建新型农业经营体系的基本细胞，是发展现代农业的基本支撑，是推动城乡发展一体化的基本力量。新型职业农民是相对传统农民、身份农民和兼职农民而言的，是一个阶段性、发展中的概念。从广义上讲，职业是人们在社会中所从事的作为谋生的手段。从社会角度看职业是劳动者获得的社会角色，劳动者为社会承担一定的义务和责任；从人力资源角度看职业是指不同性质、不同形式、不同操作的专门劳动岗位。所以，职业是指参与社会分工，用专业的技能生活的一项工作。因而，新型职业农民首先是农民，从职业意义上看，是指长期居住农村，并以土地等农业生产资料长期从事农业生产的劳动者。且要符合以下4个条件：一是占有（或长期使用）一定数量的生产性耕地；二是大部分时间从事农业劳动；三是经济收入主要来源于农业生产和农业经营；四是长期居住在农村社区。按照中共中央一号文件要求应为"有文化、懂技术、会经营"的农民致富带头人。新型职业农民是伴随农村生产力发展和生产关系完善产生的新型生产经营主体，是构建新型农业经营体系的基本细胞，是发展现代农业的基本支撑，是推动城乡发展一体化的基本力量。

二、新型职业农民的特征和素质

与传统农民不同，新型职业农民除了符合上面4个条件以外，从生产经营的角度，还具有以下3个鲜明特征：一是以市场为主体。传统农民主要追求维持生计，而新型职业农民则充分地进入市场，将生产的农产品推向市场，追求较高的商品率。并利用一切可能的选择，使报酬最大化，获取较高的收入。二是要具有高度的稳定性。把务农作为终身职业，而且培养好"农二代"，使家庭经营后继有人，不是农业的短期行为。三是要具有高度的社会责任感。其生产经营行为对生态、环境、社会和后人承担责任。新型职业农民是现代农业生产经营主力军，是新型农业经营主体。在从事生产经营过程中，通过学习，不断提高自身修养，增强创业能力和技能，依照"三新"量身打造自己，首先是新观念。包括主体观念、开拓创新观念、法律观念、诚信观念等。其次是新素质。即科技素质、文化素质、道德素质、心理素质、身体素质等。再次是新能力。包含发展农业产业化能力、农村工业化能力、合作组织能力、特色农业能力等。

三、新型职业农民的主要类型

按照我国目前农业生产关系和劳动力结构,新型职业农民可以划分为3类:主要包括生产经营型、专业技能型和社会服务型。生产经营型职业农民,是指以农业为职业、占有一定的资源、具有一定的专业技能、有一定的资金投入能力、收入主要来自农业的农业劳动力。主要是指生产经营大户,如种植、养殖、加工、农机等专业大户、家庭农场主、农民合作社带头人等。专业技能型职业农民,是指在专业合作社、家庭农场、专业大户、农业企业等新型农业经营主体较为稳定地从事农业劳动作业,并以此为主要收入来源,具有一定专业技能的现代农业劳动力。主要是农业工人、农业雇员等。社会服务型职业农民,是指在经营性服务组织或个体直接从事农业产前、产中、产后服务,并以此为主要收入来源,具有相应服务能力的现代农业社会化服务人员,主要是农机手、植保员、防疫员、沼气工、水利员、农村信息员、园艺工、跨区作业农机手、植保员、村级动物防疫员、农产品经纪人等。

新型职业农民会是哪些人,经济日报记者曾经采访过两名青年农民,一名从西南农业大学毕业后到四川省双流县承包了大片农地种植蔬菜,通过几年摸索,逐渐掌握了当地气候土壤特点,种出来的蔬菜比别人好许多,农民跟着他收入也增加了,现在好几个地方都请他去承包菜地。另一名是湖北枣阳的种植大户,父亲带着儿子种了几百亩水稻,因为收入好,两个孩子都愿意种地。这两类青年农民很有代表性,一个从专业农校毕业自觉从事农业耕种,一个子承父业不离开土地,他们的共同特点是懂技术,对农业有着深厚的感情。因此,专家认为,新型职业农民的主体将是这样的农村青年,例如,种植养殖大户、家庭农场的继承人,或者是专业合作组织的领头人或主力成员,或者是致力于农业生产服务的专业农校学生等。

[阅读资料]

"我们就要当新型职业农民"

——望都县新型职业农民培育见闻

阳光刚爬上一墙高，河北望都县贾村镇王文村妇女李秀敏的家里十多位妇女聚拢在一起，不是在搓麻将，而是在叽叽喳喳地交流蔬菜种植技术。该村绿亨蔬菜种植专业合作社社长曹志芹说："这便是我们村的蔬菜娘子军。"

30 出头的李秀敏给群众留下的印象是，脑子转得快，汽车都撵不上。3 年前，她和丈夫在农田上戳起两个冷棚种植西红柿，去年，在 9 亩承包地上又搭建 5 个冷棚。王文村作为贫困村，种植户享受到了国家扶贫政策给予每户 5 000 元强有力的资金支撑。记者问起李秀敏挣了多少钱，她只笑不答。她说，种植户看得最重的就是，要钱要物不如要技术，我们就要当新型职业农民。

"新型职业农民培育恰恰倾听了农民成长的呼声，现代农业的发展离不开有文化、懂技术、会经营的新型职业农民队伍。"该县农业局局长耿礼介绍。为了提高农民科学文化素质，该县县委、县政府确定了"一村一品一人才"、"一乡一特色一院所"，积极与大专院校牵手，把院校、农林畜部门、科技协会等方面的技术力量有效整合，以新型农民学校、阳光工程培训、新型职业农民培育为平台，开设农村急需的设施蔬菜、设施粮食、农村经济综合管理等 6 大涉农专业的培训班，确保每户有一个科技"明白人"。目前，该县 3 万多名受训农民已活跃在基层，他们在农业结构调整实践中，成为名副其实的"领头羊"。

"以前种地，就是继承父辈的经验，上大粪，浇大水，不考虑从土坷垃里找找缺钾、缺磷的原因。"该县中韩庄乡柳陀村种粮大户刘振英说他前几年种粮食就是胡诌八咧。"自打参加县里科技培训后，刘振英的观念新了，脑子活了，在他自己承包的950亩耕地运用新技术，抓规模生产，选种优良品种，实施农业生产机械化，推行测土配方施肥和深松等技术，成为了全国有名的种粮大户。"按照县农业局的说法，刘振英就是新型职业农民的杰出代表。

"以前培训老师讲得都是常规技术，现在讲课，好多涉及农产品销售、管理和品牌化，让我们眼睛一亮。"该县十里铺村菜农蒋振刚深有感触地告诉记者，这些更高层次、更多样化的培训，都是他比较感兴趣的问题。王文村党支部书记刘栓柱用书面的语言介绍新型职业农民培育：培育与培训有着截然的区别，培训是传授知识和技能的过程；培育则包括了新型职业农民成长的全过程，是一项跨行业、跨部门、涉及众多相关影响因素的系统工程，有专业机构和专业队伍做主体支撑，引领和推进新型职业农民培育向专业化、标准化、规范化和制度化方向发展。

"没到过廊坊永清和山东寿光，就不知道什么是设施蔬菜标准化；老守着自己的一亩三分地，把一眼井看成老天，永远开不了眼界挣不了票子。"刘栓柱介绍，2012年全村冷棚40几亩，今年发展到500亩，翻了3翻还多，大家都争着当农场主。

"在市场竞争的浪潮中，我们的对策一是更新品种，做到'你无我有，你有我优'，哪个品种在市场上有竞争力就上哪个。二是蹚市场。村里这些职业农民，坐在家里就能看见北京的菜市场（通过电脑）。从东三省、银川到深圳，我们村的硬果型番茄通过网上销售玩转了全国。"刘栓柱又悄悄透露：最近，全村又多了20多辆小轿车。

第四节　如何认定新型职业农民

新型职业农民的认定重点和核心是生产经营型，以县级政府为主认定。专业技能型和社会服务型，主要通过农业职业技能鉴定认定。

一、基本原则

新型职业农民的认定是一项政策性很强的工作，要坚持以下基本原则：一是政府主导原则。由县级以上（含县级）人民政府发布认定管理办法，明确认定管理的职能部门。二是农民自愿原则。充分尊重农民愿意，不得强制和限制符合条件的农民参加认定，主要通过政策和宣传引导，调动农民的积极性。三是动态管理原则。要建立新型职业农民退出机制，对已不符合条件的，按规定及程序退出，并不再享受相关扶持政策。四是与扶持政策挂钩原则。现有或即将出台的扶持政策必须向经认定的新型职业农民倾斜，并增强政策的吸引力和针对性。由县级政府发布认定管理办法并作为认定主体，县级农业部门负责实施。

2012 年，农业部启动实施了新型职业农民培育试点工作，要求试点县把专业大户、家庭农场主、农民合作社带头人以及回乡务农创业的农民工、退役军人和农村初高中毕业生作为重点培养认定对象，选择主导产业分批培养认定。

二、认定条件

新型职业农民认定管理办法主要内容应明确认定条件、认定标准、认定程序、认定主体、承办机构、相关责任、建立动态管理机制。生产经营型职业农民是认定重点，要依据"五个基本特证"，在确定认定条件和认定标准时充分考虑不同地域、不同产业、不同生产力发展水平等因素。重点考虑3个因素：一是以农业为职业，主要从职业道德、主要劳动时间和主要收入来源等方面体现；二是教育培训情况，把接受过农业系统培训农业职业技能鉴定或中等及以上农科教育作为基本认定条件；三是生产经营规模，主要依据以家庭成员为主要劳动力和不低于外出务工收入水平确定生产经营规模，并与当地扶持新型生产经营主体确定的生产经营规模相衔接。

三、认定标准

生产经营型职业农民的认定标准，实行初级、中级、高级"三级贯通"的资格证书等级，认定标准包括文化素质和技能水平、经营规模、经营水平及收入等方面。

初级：经教育培训（培养）达到一定的标准，经认定后，颁发由农业部统一监制、地方政府盖章的证书。

中、高级：已获得初级持证农民或其他经过培育达到更高标准的，经认定后颁发相应级别的资格证书。

2012年8月，开始实施的新型职业农民培育工作试点县，新型职业农民证书暂由县级政府印制盖章。

专业技能型和社会服务型职业农民的认定标准，按农业职业技能鉴定不同类别和专业标准认定。颁发由人力资源和劳动保障部及鉴定部门盖章的证书。

我国地域广阔、地大物博，气候条件、生产环境、生产能力、经济水平、产业现状等差异很大，新型职业农民的认定标准由各地根据其具体条件和实际情况制定（附：山东省招远市果业新型职业农民认定管理办法）。

[**案例**]

山东省招远市果业新型职业农民认定管理办法

一、认定程序

新型职业农民资格的认定，由市新型职业农民培育工作领导小组办公室负责。新型职业农民学员完成全部培训内容后，由领导小组办公室统一组织，按如下流程进行认定：学员自愿报名，提交土地流转证明、学历证明、收入证明等有关材料→村委会审核→镇政府审核→领导小组办公室组织人员开展考试考核→村委会、镇政府签章同意→领导小组办公室认定→公示→领导小组办公室向通过认定的新型职业农民颁发《新型职业农民资格证书》并备案。

二、认定标准

（一）基本条件

具备以下条件的，纳入新型职业农民认定范围：年龄在18～60周岁，长年从事果业生产，具备系统的现代农业生产经营管理知识和技能；有科学发展理念，熟悉农业农村政策法规，注重果业可持续发展；具有生产优质无公害果品的意识和水平，重视环保，防止污染，保护环境，同时，还要符合下列条件：①有10亩以上果园种植规模，果业年纯收入6万元以上，经济收入主要来源于果业。②具备初中以上学历，自觉参加市里安排的不少于15天的新型职业农民教育培训，学完全部内容。③通过参加教育培训，文化素质、生产技能和经营管理水平显著提升。④通过实践应用，果业投入科学合理，果业发展后劲充足，果品产量、质量和经济效益明显提升。⑤对周边村民有积极的影响和带动作用，果园管理的科技含量高，在科学浇水、疏花、疏果、铺反光膜、杜绝使用不规范果袋、推广病虫害生物防治、增施有机肥等方面起到示范带头作用。

（二）分级认定标准

新型职业农民分初、中、高级 3 个级别，分别按如下标准进行认定。

1. 初级职业农民

具备新型职业农民基本条件，已纳入新型职业农民认定范围，具备以下条件，经考试考核合格，认定为初级职业农民。①能带头参加各种培训，自身综合素质高。②能带头加入合作组织，抵御风险能力强。③能带头推进土地流转，规模经营水平高。④能带头推广农业科技，果业生产效益高。⑤能带头发挥示范作用，果园管理水平高。⑥能带头学习政策法规，依法致富能力强。⑦能带头增强环保意识，果品安全质量好。

2. 中级职业农民

在获得初级职业农民资格证书的基础上，同时具备以下条件，经考试考核合格的，认定为中级职业农民。

（1）18~50 周岁，具有高中以上学历（或相当于高中）的果农，能积极参加上级有关部门组织的培训班、技术讲座、现场会等，有不少于 20 个学时的新型职业农民继续教育培训记录。

（2）有较高的理论基础和管理技术，能帮助农民解决生产中的技术难题，在村里能够起到示范和带头作用，有较高的群众声望。

（3）能在果业专业合作社中发挥重要作用；示范带动 20 个以上农户从事相关产业，并指导其生产经营，取得理想的收益。

（4）应用先进管理方法或新技术、新品种，农产品品质有明显提升，经济效益在上年基础上提高 10% 以上。

3. 高级职业农民

在获得中级职业农民资格的基础上，同时，具备以下条件，经考试考核合格的，认定为高级职业农民。

（1）年龄在 18~45 周岁，具有大专以上（含成人教育）学历的果农，能积极参加上级有关部门组织的培训班、技术讲座、现场会等，有不少于 40 个学时的新型职业农民继续教育培训记录。

（2）基础理论知识深厚，技术管理水平一流，能为农民解决生产中的技术难题，管理技术和生产水平处于招远市先进行列。

（3）具备以下条件之一的：创办农业专业合作社；成立农业企业；注册果品商标；果品获无公害农产品认证；果品获绿色食品认证；果品获有机食品认证或其他符合国家标准的农产品认证。

（4）积极从事果业科研和技术推广，普及应用特色高效品种和先进技术，积极开拓农产品销售渠道，带领农户开拓市场，探索农产品生产经营新途径，新办法。

（5）带动周边果农开展老果园、密植园改造，发展新果园。改造或新发展果园 100 亩以上或示范带动 30 个以上的农户从事相关产业，自身收益在上年基础上增加 20% 以上，所带动农户效益显著增加。

第二章　如何培育新型职业农民

在培育新型职业农民的进程中，遵循系统的农业职业教育和经常性培训相结合的原则。一是要围绕推进规模化标准化生产，通过对农村劳动力开展现代农业科学知识、生产技术的培训，提高新型职业农民从事现代农业生产的技能。二是要围绕发展适度规模经营，加强实用技术培训、创业能力培训，着重加强经营管理能力的培养，引导和支持其发挥示范作用，带动更多农民积极发展现代农业产业。

第一节　发达国家培育新型职业农民的经验

发达国家非常重视农民的教育培训，把农民培训与证书制度有机结合起来，培养知识化、职业化和现代化的农民。国外农民培训与证书制度的经验，对于我国培育新型职业农民具有借鉴意义。

一、农民的身份变迁

新型农民是个职业概念，与其他就业者只有职业的分别，没有身份、等级的差别和界限。

1967年，法国著名社会学家孟德拉斯写了《农民的终结》一书。当时，法国正处于城镇化进程飞速发展末期，农业劳动者人口减少，大量青壮年外出，相对于城市市民而言的农民逐步减少、消失。在一代人的时间里，法国目睹了一个千年文明变迁，为社会提供食物的农业劳动者在30年里减少到只有以前的1/3，从1946—1975年，法国农业劳动力从占总人口的32.6%下降到9.5%。传统农民的终结，自然带来新型农民的诞生。

在英国，从中世纪后期大量农奴演变为自耕农以来，整个自耕农的结构也发生了深刻变化，逐步分化产生了富裕农民和雇工。由于生产规模的逐步扩大，富裕起来的农民已不再是传统意义上的农民，他们生活富足，从事资本主义性质的农业经营，许多人还雇佣部分劳动力，他们的身份甚至与乡绅、骑士等阶层越来越接近，界限也越来越模糊，经济、政治地位不断提高。

纵观世界各国，特别是欧洲、北美洲、亚洲等由传统农业国家演变为现代工业化的国家，他们在工业化和现代化的进程中，农民身份都发生了变迁。农民已完全是个职业概念，指的就是经营农场、农业的人，这个概念与其他职业并列，与其他就业者具有同样的公民权利，只有职业的分别，没有身份、等级的差别和界限。农民身份的转变大都通过两个渠道进行：一是在工业革命早期的剥削农民的道路，通过工业化和机械化促使农民大批破产或失业，促使农村剩余劳动力向城市转移，通过工业化推动农业的规模化和机械化，促进农民职业化的形成。二是工业革命后期的以福利农民的形式保护农民的发展道路。通过立法保护农业和农民，利用强大的经济实力补贴农业和农民，促进职业农民的教育培训，提高素质，催生现代农业和新型农民。

二、获得资格认证的职业农民享受扶持政策

农业生产经营者需有务农资格证书，同时，政府在税收、贷款、土地购买等方面提供诸多补助。

世界各农业大国大都实行农业生产经营资格准入，尤其对规模经营实行农民资格考试，使宝贵的农业资源由高素质的农民使用和经营。同时，高度重视对农民的扶持保护，政府提供低息贷

款、购买土地补助、减免税收、养老、医疗等社会保障。

法国是欧盟第一农业大国，农村干净漂亮，农民生活富足悠闲。法国的农民必须具有农业知识，有资格证书才能务农。法国目前约有农民 30 万人，占总人口的 0.5%。他们人均拥有的耕地达 $50hm^2$，不仅享受劳动保险，每年还可抽出一定时间休假。农民每次出售粮食、牛羊等都可凭票获得一定数额的农业补贴，还可以在购买农资时收回部分增值税。法国政府对农业发展的支持，不仅体现在农业补贴政策上和"零农业税政策"上，还体现在社会保障上。通过交纳养老社会保险以及居住税和土地税，农民可以获得与城市居民一样的社会保障。他们可以免费看病，还可拿到养老金。

英国农业劳动力仅占全国劳动力的 1.4%，农场主得到欧盟和英国政府的补贴，享受着英国的公民福利待遇。在北美和一些亚洲发达国家，农业的主要生产组织形式仍然是家庭农场，农业仍是一个受到高度重视和保护的传统行业。与其他行业如工业、服务业相比，农民所交纳的税明显要少，除了税收优惠，还有农业补贴、保险补贴，农民和市民已没有身份上的区别。

目前，农业从业者老龄化是世界性趋势，英国农场主平均年龄达到 59 岁，日本已接近 70 岁。欧盟一直关注农民老龄化和培养青年农民问题，在 CAP（共同农业政策）新一轮改革议案中提出，将 2% 的直接支付专门用于支持 40 岁以下的青年农民从事农业。日本《青年振兴法》规定，由政府资助在村镇对青年农民进行培训，从而使农业教育更加正规化、现代化、制度化。法国政府规定，农场主退休前必须找一个年轻农民经营他的土地，否则，其土地要通过租赁并购等市场途径转让给周围农场经营；德国采取一系列优惠政策吸引青年人，尤其是大学农科专业毕业生，同等条件下可以优先购买或租赁土地。

三、政府主导，强化职业农民教育培训

强化国家对农民教育培训的干预管理，将提高农民技能、培养职业农民作为推动农业发展的原动力。

许多发达国家同时也是农业大国，在推进农业现代化过程中，虽因资源禀赋不同选择不同发展道路，但有一个共同点，即采取政府主导，强化国家对农民教育培训的干预管理，将提高农民技能、培养职业农民作为推动农业发展的原动力。

第一，普遍重视立法，通过立法强化政府干预，对农民教育培训权益提供有力保障。美国既是最发达的农业大国，也是高度法制化国家，有关农民教育培训的立法历史悠久、系统配套。英国《农业教育法》规定，农业就业人员只有在完成11年义务教育后，方可进入农业学校进行1~2年的学习。德国《联邦职业教育培训促进法》规定，农业从业者进岗前必须经过3年的正规职业教育，上岗后在农场还有3年学徒期。法国《农业教育指导法案》规定，农业部负责在全国建立农业教育培训体系，培养农业人才。日本《社会教育法》规定，利用公民馆、图书馆等设施对农村青少年、妇女、成人进行教育。

第二，建立层次分明、衔接贯通的农民教育培训体系，以政府资金投入为主渠道，借助先进的设施装备和现代教育技术，为农民提供免费、方便的终身教育培训服务。如德国具有初、中、高3个层次相互衔接、分工明确的农村职业教育体系。此外还有50多所农村业余大学，为农民提供终生教育。法国在农业高等职业教育之下，又在全国设有861所普通农业职业技术学校。澳大利亚农业职业教育实行学分制，在学历教育与职业教育之间架起桥梁，建立起文凭、学位与各类资格证书之间的立交桥，有效地利用社会教育资源开展农民教育培训。英国在各产业培训中，唯一能得到政府资助的就是农民教育培训。

第三，推进产教融合、校企结合、农学交替，贴近农业、贴近农民，突出在生产实践中提高农民生产技能和经营决策能力。德国农业职业教育采用的是农业实践和理论教学相结合的"双元制"模式。这种模式保障了学生理论培训与实习交互进行，对学员实习的农场资格也有明确要求。英国要求农业职业院校的教学内容以实用为先，强调实际技能教学，实践与理论教学的比率至少达到4∶6，3年制学校实行"夹心式"的工读交替的教学方针和制度。

四、因地制宜，灵活授课

发达国家农民培训形式灵活多样。从培训时间上看，有短期和长期两种。在法国，20～120小时的培训一般称为短期培训，120～1 200小时的培训称为长期培训。从培训的方式看，有不脱产、半脱产和脱产3种类型。从培训对象上分，有农业徒工培训班、农村青年培训班、农村成年妇女培训班和农场主培训班等。从培训的具体目的看，有基础农业培训—对农村的无业青年或具有实践经验而无技术职称的农民进行的培训；改业培训—由于科学技术的发展或经营方向的改变，一些受过一定农业培训的农民需要学习新的技术和经营管理方法，改业培训就是对此类农民进行的培训；专业培训—向从事专业化、商品化生产的农民传授专门知识和技术的培训；晋升技术职称培训—农民为取得较高学历证书而参加的培训。根据农业生产的季节性特点，农忙季节的农民培训以短期为主，农民每周到培训场所学习1～2天，冬季农闲时则集中农民进行几个月的脱产学习。培训方式一般以实践训练为主，理论教学为辅。接受培训的级别越高，理论教学成分就越多。

五、课程内容注重农民需求

美国的职业农民培训主要在公立学校内开展。培训对象主要为青年学生和准备务农的青壮年农民。培训方式有 3 种类型：一是辅助职业经验培训，主要以有关生产管理和农业投融资方面的技巧为授课内容；二是"未来美国农民"培训，主要以提高农民的创业能力、领导能力及团队合作能力为授课内容；三是农技指导。随着农业与经济的不断发展，多数发达国家不断拓展农民培训领域，将培训内容从传统的种植养殖技术扩展到包括园艺、小型动物养殖、海洋生物养殖等新型农业产业，从产中培训拓展到涵盖产前、产后的相关领域，如农产品销售及服务、食品加工、农场管理等，从技术培训拓展到创业、经营和就业技能培训，甚至教授农民如何决策和规避风险，如何应用科学知识和实验方法，如何掌握财金分析理论和商业操作技巧。各国农民培训机构注意社会需要和市场变化，除开设与农业科学知识相关的专业课程外，更多的是根据本地区的农业特点以及农业发展和农村经济结构的需要开设课程。这些课程范围广、门类多，具有较强的实用性、科学性。如韩国的"四 H"教育——使农民具有聪明的头脑（Head）、健康的心理（Heart）、健康的身体（Health）和较强的动手能力（Hand）。美国、英国、澳大利亚等国的培训机构，通常在严格认真的市场调查分析之后，根据用户的特殊需求及时开设课程，对口培训。

从发达国家农业发展的历程来看，各个国家都普遍重视培养职业农民，并突出强调培训的专业性和实用型。

第二节　探索新型职业农民培育途径

现代农业的实施、农业的丰产增收、农村经济的发展，更需要加大教育培训力度，提高职业农民的整体素质和技能，尤其是近年来不断涌现的家庭农场、种粮大户等新型农业经营主体，更需要在农业生产、经营、销售和管理等方面有系统的专业学习。

一、启动新型职业农民培育工程

农村劳动力向二、三产业转移，有利于工业化、信息化、城镇化、农业现代化同步发展，但"谁来种地""地如何种"问题日渐凸显，党中央、国务院站在到国家粮食安全的在高度，2012年中共中央一号文件提出大力培育新型职业农民。

农业部在考察调研的基础上，制订了新型职业农民培育实施方案，部署了100个县开始试点工作。在培训过程中遵循"生产经营型职业农民按产业、专业技能型职业农民按工、种社会服务型职业农民按岗位"的培训原则，以生产经营型职业农民为重点，以"留守农民教育培训、农业后继者培养和职业农民经常性培训"为对象的新型职业农民培育工程拉开了序幕。

对留守农民通过实行免费农科中等职业教育或开展农业系统培训，把具有一定文化基础和生产经营规模的骨干农民，加快培养成为具有新型职业农民能力素质要求的现代农业生产经营者。

对农业后继者的培养，要求研究制定相关政策措施，吸引农业院校特别是中高等农业职业院校毕业生回乡务农创业；支持农业职业院校定向培养农村有志青年特别是专业大户、家庭农场主、合作社带头人的"农二代"；为返乡农民工和退役军人务农创业，提供免费全程培训等，培养爱农、懂农、务农的农业后继者。

农业部部长韩长赋指出，培育新型职业农民是一项基础性工程、创新性工作，要大抓特抓、坚持不懈。应对农业后继乏人问题的挑战，必须在稳定提高农业比较效益的基础上，大力培育种养大户、家庭农场、专业合作社等各类新型农业经营主体，让更多的农民成为新型职业农民。大力培育新型职业农民利在当代，功在千秋。

2013 年，农业部在西安召开会议，总结了新型职业农民培育工作经验，提出明确要求。2013 年年底，中央农村工作会议对新型职业农民培育工作作出总体部署。

2014 年，新型职业农民培育工作迎来突破之年。农业部、财政部发文通知，按照"科教兴农、人才强农、新型职业农民固农"的战略要求，启动实施新型职业农民培育工程。农民教育培训工作主动前移，以专业大户、家庭农场主、农民合作社骨干和农业后继者为主要服务对象。在财政部支持下，中央财政安排补助资金 11 亿元启动实施新型职业农民培育工程，在全国遴选陕西省、山西省 2 个整省、14 个整市和 300 个示范县开展重点示范培育，建立健全培训体系，示范带动全国培育工作。

二、创新新型职业农民培训机制

新型职业农民培育从试点到整体推进，各地因地制宜，结合实际，把理论学习、参观考察、现场传授融为一体，不断探索，总结出很多好的经验。

（一）农业部 2014 年新型职业农民培训工作部署

农业部、财政部关于做好 2014 年农民培训工作下发通知，要求各地：

1. 明确工作思路

按照"科教兴农、人才强农、新型职业农民固农"的战略要求，启动实施新型职业农民培育工程，坚持立足产业、政府主导、多方参与、注重实效的原则，以做大做强新型农业经营主体为导向，整合资源，提高培训的针对性、规范性和有效性，加快建立新型职业农民培育制度，着力培养一支有文化、懂技术、会经营的新型职业农民队伍，为发展现代农业提供强有力的人才支撑。

2. 2014年新型职业农民培育主要有3项任务

一是探索建立培育制度。实行教育培训、认定管理和政策扶持"三位一体"培育，强化生产经营型、专业技能型和社会服务型"三类协同"培训，对符合条件者颁发新型职业农民证书，并配套创设相关政策予以扶持。二是开展示范培育。在全国遴选2个示范省（覆盖不少于1/2的农业县）、14个示范市（覆盖不少于2/3的农业县）和300个示范县，作为新型职业农民培育重点示范区（名单见附件），发挥示范带动作用。其他地区可结合实际积极探索，大力推动新型职业农民培育工作。三是建立健全培训体系。充分发挥各级农业广播电视学校（农民科技教育培训中心）的作用，统筹利用好农业职业院校、农技推广服务机构、农业高校、科研院所等公益性教育培训资源，并要积极开发农民合作社、农业企业、农业园区等社会化教育培训资源。

3. 把握关键环节

（1）确定培育对象。新型职业农民是指以农业生产为职业、具有较高的专业技能、收入主要来自农业且达到一定水平的现代农业从业者，主要分为生产经营型、专业技能型和社会服务型三类。生产经营型主要包括专业大户、家庭农场主、农民合作社骨干等；专业技能型包括长期、稳定在农业企业、农民合作社、家庭农场等新型农业经营主体中从事劳动作业的农业劳动力；社会服务型包括长期从事农业产前、产中、产后服务的农机服务人员、统防统治植保员、村级动物防疫员、农村信息员、农村经纪人、土地仲裁调解员、测土配方施肥员等农业社会化服务人员。中央财政补助资金重点培育生产经营型职业农民，适当兼顾专业技能型和社会服务型职业农民，其中用于生产经营型职业农民培育的资金比例不得低于70%。各地要结合实际，制定出台新型职业农民遴选标准，让真正从事农业生产、迫切需要提升素质和生产技能的农民优先接受培育，原则上培育对象年龄不超过55周岁。要做好新型职业农民培育与中、高职学历教育的衔接，全面提升新型职业农民综合素质。

（2）确定培训机构。各级农业部门要遵循公开、公正、公平原则，确定培训机构和实训基地，并进行备案管理。要积极探索政府购买服务的方式，引导和鼓励其他社会培训机构参与；实训基地要加强与国家现代农业示范区、高产创建示范片、农业科技创新与集成示范基地、农民合作社人才培养实训基地、农业企业基地结合。每个项目县承担任务的培训机构不得超过5个。

（3）合理分配资金。中央财政补助资金直接切块到省，各省（区、市）要根据产业规模、农业人口规模、新型职业农民培育需求等因素细化补助资金，并向示范县倾斜。具体培育时间和补助标准由各地结合实际确定，实行差别补助，同一培育对象三年内不得重复支持。中央财政补助资金主要用于农民课堂培训及实训、参观交流、聘请师资、信息化手段利用等相关支出，不得用于新型职业农民职业教育学杂费补助。

4. 强化机制创新

（1）创新培育机制。突出需求导向，开展全产业链培养和后续跟踪服务，及时记录职业农民接受教育培训情况，对考核合格者进行统一认定。加强认定后职业农民的管理和知识更新，出台相应的创业扶持政策。坚持农民自愿，有条件的地方可探索"财政补贴、机构让利、农民出资、先学后补"等机制，原则上政府补贴一部分、农民自己出一部分，推进培育机制创新。

（2）创新培育模式。实行"分段式、重实训、参与式"培育模式，要根据农业生产周期和农时季节分段安排课程，强化分类指导，对生产经营型、专业技能型和社会服务型分类分产业开展培训，做到"一班一案"，建立指导员制度。要注重实践技能操作，大力推行农民田间学校、送教下乡等培训模式，提高参与

性、互动性和实践性。

（3）创新培育内容。加强教材的规划、建设和管理，选择科学、权威、图文并茂、通俗易懂的教材。各省（区、市）要参照农业部发布的培训规范，结合本地实际，指导项目县开展培育工作。各项目县要对农民实际需求开展摸底调查，制定针对性强的培育计划。培育机构课程设置要符合农民特点和学习规律，教学实践活动要形式多样，注重针对性、实用性和规范性，并做好后续跟踪服务。

（4）创新培育手段。适应现代远程在线教育发展趋势，充分利用现代化、信息化手段开展新型职业农民在线教育培训、移动互联服务、在线信息技术咨询、全程跟踪管理与考核评价等，开通新型职业农民网络课堂。

（二）陕西、山西两省成为2014年整省推进职业农民培育的试点

新型职业农民培育从试点到整体推进，各地因地制宜，结合实际，把理论学习、参观考察、现场传授融为一体，不断探索，总结出很多好的经验。陕西省培育新型职业农民的总体思路是突破"一个重点"、做好"四个结合"、落实"五个环节"、建好"四个体系"。全年培育职业农民1万名，覆盖陕西省80%的农业县区，实现资格认定率60%以上，建设省市级实训基地350个，使职业农民成为推进现代农业发展的中坚力量。职业农民培育工作要突破"一个重点"，即把政策破冰作为职业农民培育的一项重点和核心来抓，通过政策扶持，建立良性的人才培养和人才激励机制，增强培育工作吸引力，激发培育工作持久力。要做好"四个结合"，即职业农民培训要和农民需求相结合、和农民当前生计相结合、和扶持政策相结合、短期培训和长期培训相结合。要落实"五个环节"，即选好培育对象、抓好教育培训、抓好培育对象学历提升、抓好资格认定、抓好帮扶指导。要建好

"四个体系"，即加快构建以各级农广校为主体，以农科大中专院校、科研院所、农技推广机构等为补充的多层次、多形式、广覆盖的"一主多元"的教育培训体系；继续依托现代农业园区、农民专业合作社和农业产业化龙头企业，认定一批实训基地，实行挂牌管理，进一步完善实训体系；建立农业教育、科研、推广机构专家教授和农民教师（土专家、田秀才）等四支师资队伍，加快建成一支数量充足、结构合理、素质优良的指导教师队伍；组织专家编写政策法规、畜牧概论、种植概论、农机概论、农村电商等系列教材，鼓励各地开发适应当地产业特色教材，不断丰富我省职业农民教材体系。各地加强指导、增加投入，扩大试点示范覆盖面，探索创新工作体制机制，相关强农惠农富农政策向新型职业农民倾斜，一支有文化、懂技术、会经营的新型职业农民队伍正快速形成。2014 年，仅陕西、山西两个整体推进省培育的职业农民就突破 10 万人，越来越多的新型职业农民正撑起现代农业蔚蓝的天空。

[阅读资料]

陕西：种地成职业　农民有职称（选自陕西日报）

他们曾经是"看风景"的人，如今他们成了最美的"风景"。近年来，陕西加快新型职业农民培育，一场由"身份"到"职业"的变革正在加速。这一变革的重大意义在于：曾经引以为忧的"70 后"不愿种地、"80 后"不会种地、"90 后"不谈种地、将来无人种地的问题，在他们身上看到了希望和前景。广袤的农田和村庄，正在被他们赋予新的生机和活力。

一、由"身份"到"职业"的变革

春节前，走进凤翔县横水镇东白村内，一座座排列整齐的智能温室大棚煞是壮观，在冬阳的照耀下熠熠生辉。对于"谁来种地"、"如何种地"的问题，59 岁的中级职业农民宁索堂颇有发言权。他说："今年温室大棚黄瓜和番茄都丰收了，收入比往年增了近两成。"他一边向记者介绍大棚设施，一边向生意伙伴发微信、谈生意。作为土生土长的东白村人，宁索堂的形象早已摆脱了人们对于传统农民"面朝黄土背朝天"的刻板印象。2011年以来，陕西省通过调研试点，先后制定了新型职业农民培育整省推进工作方案、认定管理暂行办法、绩效考评试行办法3个规范性文件。截至目前，全省已认定高、中、初级职业农民3 835名，职业农民培育走在了全国前列。宁索堂就是拿到中级证书的3 835名职业农民中的一员。对于啥叫职业农民？宁索堂说，"咱理解就相当于职业经理人，以种地为职业，用专业的水平，让土地发挥最大效益。"在洛南县景村镇宏泰金银花专业合作社，理事长郭夏峰介绍说，合作社种植金银花1 500多亩，他自己就种植了300多亩。是全省第一个集金银花种植、加工、育种、中草药、休闲观光为一体的专业合作社，下设公司、家庭农场各一个，还在西安设立了配送中心和代理店，在商洛设立8个专卖店，发展社员852户，被评为省级农民合作社示范社。

"都说种地利润薄，你们效益到底如何？""那要看种啥呢，物以稀为贵嘛。"郭夏峰说："我们社先后与商洛学院、西安交大、中国科学院西安分院合作，陆续推出金银花茶、金银花冰茶、金银花保健养生枕、金银花富晒黑花生、黑花生油、金银花中草鸡蛋等产品，深受消费者青睐。目前，珍珠鸡、贵妃鸡、黑乌鸡、土鸡存栏1.1万多只，销售特种鸡蛋10余t、金银花茶15t，合作社实现产值达1 280万元，社员实现亩产值高达15 200元，社员人均收入16 000多元。""农民"，一场由"身份"到"职业"的变革，正在三秦大地潜移默化地进行。"30多年了，我啥都种遍了，一直没有致富，也很苦恼。怪不得那么多人都出去打工了。"凤翔县新增务村55岁的村民寸封说，现在是："70后"不愿种地，"80后"不会种地，"90后"不谈种地，那将来到底谁来种地？"去年听说县农广校搞职业农民培训，我试着参加了一下，结果心里一下子豁亮了，见识了不少东西。看来农业还是大有奔头的，但要讲科学，不能蛮干……"记者从省农业厅了解到，陕西省将新型职业农民分为生产经营型、专业技能型、社会服务型和新生代型。同时，划定了新型职业农民初、中、高3级在年龄、文化程度和收入等方面的标准。未来还将探索农业产业项目的职业农民准入制度，确保农业资源要素向职业农民聚集，并在政策上对职业农民进行扶持。到2020年，使全省职业农民培育总数达到20万人。

二、新型职业农民"新"在哪里

"刚育了20亩苗种，春天里就会发芽，来年就能给附近苹果园的更新换代升级派上用场。"春节前夕，常年被太阳晒得黝黑的陕西省首届高级职业农民王雨嘉，早年毕业于吉林农业大学，谢绝多家国营单位挽留，毅然回乡务农，现已成为"大老板"，也是大学同学中"混"得最好的一个。"大学毕业后，我既种植苹果，也从事果树技术服务，20多年来，一直得心应手。在推广农业新技术方面，我依托县上'12396'工程，设立了农技服务热线，通过手机全天候开展服务，解答群众农业生产中的难题。"王雨嘉说，"现在已引导上万名群众走上科技致富路，我觉得人生价值得到体现。虽然辛苦，但很值得。"最初，王雨嘉在糜杆桥镇七家门前村从事苹果种植时，通过磕磕绊绊，悟出一个道理：只靠蛮干，土地不仅不产"金子"，还吸纳大量汗水。因此，必须依靠知识和科技种地。后来，在尝到科技的甜头后，他率先将自家果园内110余株国光、黄元帅等老品种，高接换头为短枝富士。再后来又陆续新建了矮化密植果园，现已发展到200多亩。不仅在黄土地上实现了绿色梦想，还刨出了"金子"。那么，新型职业农民到底"新"在哪里呢？从王雨嘉身上不难看出，新型职业农民是指具有科学文化素质、掌握现代农业生产技能、具备一定经营管理能力，以农业生产、经营或服务作为主要职业，以农业收入作为主要生活来源，居住在农村或集镇的农业从业人员。

省农业厅一位负责人说，与传统农民、兼业农民不同，新型职业农民除了符合农民的一般条件，还必须具备以下3个条件：新型职业农民是市场主体。传统农民主要追求维持生计，而新型职业农民则充分地进入市场，并利用一切可能使报酬最大化，一般具有较大经营规模和较高收入水平；新型职业农民具有高度的稳定性，把务农作为终身职业，而非短期行为；新型职业农民具有高度的社会责任感和现代观念，不仅有文化、懂技术、会经营，还要求其行为对生态、环境和社会承担责任，示范带动更多农民致富。三原县北权村40多岁的农妇范转娃，2013年获得职业农民证书时说："获了证书不只是很自豪，更要把我的养羊技术传授给大家，带领更多乡亲科学养殖致富！"如今，范转娃已成为全村"奶羊专家"，乡亲们隔三差五都会来她家寻求技术指导，大家都说"知识就是财富啊！"

三、"五位一体"，让更多农民成为"职业"

"职业农民"是一个新名词，职业农民教育更是一个新课题。我省新型职业农民培育起步晚，经验少，不少地方还在摸索之中。但是，凤翔县"五位一体"职业农民培育模式，被农业部认定为全国职业农民培育十大模式之一，也是西北地区唯一的先进模式，在全国进行推广。据宝鸡市农业局张锐平科长介绍，凤翔县以提高农民素质为目标，构建了以县农业广播电视学校为主体，以农业专家大院、科技园区、农民专业合作社、农业产业化龙头企业为补充的"一主四元"、"五位一体"紧密结合型职业农民培育新模式。其四大特点是：农广牵头，主体明确；离校不离训，注重继续教育；农科教结合，产学研一体；学历教育支撑，质量效果有保证。创新点有三：一是以培育具有中等专业学历职业农民为目标，构建培育体制；二是以保证培育质量为主线，探索职业农民培育教学模式；三是以职业农民科技致富梦为追求，推动农民教育革新。在范家寨、五曲湾、柳林、田家庄等乡镇，记者就看到很多准新型职业农民（职称待评）的身影。县农技中心的几位干部说，凤翔县农业后继乏人的问题已初步得到解决。全县粮食面积连年稳定在 90 万亩左右，总产 28 万 t 以上；苹果面积达到 18.4 万亩，全面推广"双矮"栽培技术，年实现产值 10 亿元；蔬菜面积达到 14 万亩，其中设施蔬菜 3.2 万亩，年实现产值 4.5 亿元；全县牛存栏 12 万头，生猪 15 万头，年实现产值 11 亿元。"粮为基础、果为主导、菜为特色、畜为支撑"的农业主导产业体系稳步建立。

日前，记者悄悄坐到凤翔县农业广播电视学校四楼大教室的最后一排，聆听了宝鸡职业技术学院教授关于电子商务和互联网营销的知识讲座。记者和大家一样，听着听着便入了迷。几十位农民不仅听得津津有味，还不断地做着笔记……据校长郭晓红介绍，像这样的讲座长年都在举办，不光本县的农民来听，周边县区的农民也赶来听。

职业农民培育，不同于传统农民职业技能培训，具有准学历教育的性质，但围墙内、封闭式的教育办法又根本行不通。郭晓红说，在准确全面把握职业农民培育的成人教育、职业教育、继续教育特征的基础上，他们确定了"一体多元"、"五位一体"职业农民培育新型体制。这既是"凤翔模式"的特色之所在，也是培育质量得以保证的根本。据了解，凤翔县农广校教学，不仅有固定课堂，还有流动课堂、田间课堂、空中课堂，并采用启发式、互动式、参与式、咨询式 4 种教学方式，一切讲求实效，备受群众欢迎。2 月 16 日，在省政府大院，一位处长向记者展示凤翔县农广校开通的"凤翔职业农民"微信公众平台。记者仔细浏览后发现，该微信公众平台图文并茂，信息量大，比一些省级微信公众平台还要前卫时尚。有一条微信是这样说的：让一批年富力强、有干劲、有梦想的新型职业农民，在希望的田野上抒写自己精彩的人生。虽然只是星星之火，但却可以悄然影响和改变几亿农民大军！

（三）培训模式

1. 参与型培训模式

参与型培训模式是指学员学习的过程中，不简单是听课，而要进行座谈交流，介绍经验的培训模式。学员参与培训，变被动为主动，课堂成为学员的主场，调动了积极性，增强了培训效果。河南省潢川县农业广播电视学校在 2014 新型职业农民培育工程种植业培训上，将学员分为 10 个组，10 人一组，选一组长，校长任班主任，组织学员授课内容讨论、交流、辩论，加之与老师互动，学员个个情绪高涨，往往到了下课时间仍不尽兴，学员普遍反映这样的培训形式就是好。

2. 互动型培训模式

互动型培训模式是指将课堂讲授、启发式游戏、测试小组、竞赛、专题讨论、案例分析等活动融合到培训中，使学员身临其境，深入浅出，增加其兴趣，效果明显，是新型职业农民培训的常用方法之一。

3. 示范型培训模式

典型示范型培训模式是指政府、培训机构通过兴办农业科技示范园和示范基地，树立区域农业科技发展的典型，构建农业科技成果转化的平台，形成农业科技培训基地。培训期间，组织学员到现代农业科技示范园观摩，现场讲课，传授技术，管理经验，在这里学员了解新品种、学习新技术等一目了然，实例鲜活，学习直观。

4. 传导型培训模式

现场传导型培训模式是指在农村田间地头对农民进行讲解、示范、操作和解答等活动的培训形式。新型职业农民直接到生产第一线开展培训，着重解决当前实践生产和工作中的问题与推广运用新技术，针对性与操作性强。培训内容紧密围绕实践生产和工作中所需的知识，诸如种植、养殖、追肥、灭草、防虫、治病等，有针对性地答农所问、释农所疑、解农所惑。这种形式主要培训对象是生产技能型和社会服务型新型职业农民。

三、培育新型职业农民的主要对象

发展现代农业，保障粮食安全，关键在人，在于有一支高素质的职业农民队伍。习近平总书记在 2014 年中央农村工作会议上指出："要把加快培育新型农业经营主体作为一项重大战略，以吸引年轻人务农、培育职业农民为重点，建立专门政策机制，构建职业农民队伍，形成一支高素质农业生产经营者队伍，为农业现代化建设和农业持续健康发展提供坚实人才基础和保障。"培育职业农民，重点要培育谁？

（一）把目光聚焦于打工回乡的青壮年农民

这一群体具有见多识广、观念新的特点。35～50 岁这部分打工回乡的青壮年农民，通常经过多年城市或发达地区打工的浸润，工业化、市场化、组织化理念已经深入骨髓，观念具有了颠覆性改变，回到农村已不再甘心做一亩三分地、自给自足的传统农业，发展现代农业的追求十分迫切。有家有口，责任感强。35 岁以上年龄，已经承担起家庭的重责，在职业选择上逐渐务实，看重的不再只是职业外表的光鲜，而是职业的收入、对子女老人的照顾和各种各样实实在在的东西。在性格上也已经成熟，不再追求生活上的热热闹闹，相互攀比的动机减少，能够耐得住寂寞。农业作为与土地紧密联系、需要单独作业的产业，更适合这个年龄段的人。有了一定的资金积累。资金是困扰农业发展的一大难题，经过在城市多年的打拼，35岁以上回乡的青壮年农民已经积累了一定的资金，这些资金可以用于有效的发展农民专业合作社、创办家庭农场或经营其他产业。熟悉农业农村，有较长时期服务农业。回乡青年熟悉农业农村，与当地农民和政府有着千丝万缕的联系，相比外来人口务农更宜于水土相符。在熟人社会的农村，这是一笔宝贵的财富。另外，从事农业没有法定退休年龄，只要身体好、素质高就一样能当好职业农民，外出打工农民即使50岁回乡，也可以在农业领域再干20年。外出打工青年回流农村已经初步显现。如贵州省毕节市是典型的山区、民族地区、欠发达地区，已经有约5%的外出打工青年农民回乡创业就业，约3%领办了农民专业合作社、家庭农场，创办了农业小微企业。为什么部分青壮年农民选择回乡常理说，人往高处走，水向低处流。农民一窝蜂进城打工，根本在于城市是经济、文化的"高处"，城市特别是大城市经济发达、就业机会多，挣钱容易；城市文化发达，生活现代，可以满足人们各种各样的物质和精神追求。但是，大家都往"高处"走，"高处"的人多了，环境就拥挤，人多、车多、房价高，生活就不那么方便了，劳动力需要赡养的人口如老人孩子进来就更不易。相对处于"低处"的农村，由于大量人口流向城市，村庄空心了，人口减少了，空气清新了。物以稀为贵，劳动力价格上来了，"低处"也显得不那么低了，自然有人就想回来了。年轻人家庭没负担，了无牵挂，充满了对繁华世界的憧憬、创业致富的追求、实现人生价值的理想，城市的就业机遇、经济文化、政治的繁荣，自然是希望的高处，是人生的首选。到了35岁以上的年龄，上有老、下有小，家庭负担加重；性格已趋于成熟，对职业和居所的选择已渐务实，对高处的看法也在改变，当然因个体情况不同有差别。小部分在城市已经打下了一片天地，有房有车有事业，自然愿意在城市继续干下去；一部分仍然在城市彷徨和求索，寻找新的致富机会；也有一部分厌倦了城市环境拥挤、居无定所、骨肉分离甚至遭人白眼的生活，看到农村农业的新机遇，愿意回到农村寻找新的事业。过去农民离乡进城，主要因为农村人口众多，土地规模小，经营农业效益低，农民收入上不去。现在情况有了很大变化，大批农民转移进城，为集中流转土地、扩大经营规模留下了空间；农业政策扶持力度大，减少了经营成本，提升了农业效益，回乡青年农民适度经营农业完全可能得到体面的收入。只要城乡的大门打开着，只要城乡统筹的方略保持不变，农民仍会大批进城，但是，也有不少农民选择回乡创业。怎样培育回乡青壮年农民成为职业农民加大对返乡创业农民的培育力度，使之成为新型职业农民，要具备两个条件：一是要有新型职业农民成长壮大的环境；二是要有回乡青壮年农民接受教育、提高技能的条件。营造职业农民队伍成长壮大的环境，从根本上讲，就是要让职业农民这一群体有稳定的、与外出打工基本相当的收入。如果农民在家门口就能获得与外出打工基本相当的收入，少数农民就不愿意背井离乡、蜗居城市，谁来种地就不会成问题。至于谁去做新型职业农民，交给市场、交给农民自己去选择。农民为什么不能取得与外出打工基本相当的收益？核心是农业的经营规模小，农业劳动力不能得到充分利用。所以培育职业农民在配套政策上，必须从 3 个方面着力。首先是完善的土地流转政策，解决农业经营规模小的问题。新型职业农民要获得相当的收入，必须具有一定的土地经营规模。土地流转仅仅停留在农民自发的层面还不够，供求信息不对称，流入户、流出户之间谈判成本高，必须有政策和项目支持。通过土地登记、确权、颁证，让外出打工农民感觉到把土地流转出去更合算，安心把土地流转出去。在县乡建立土地流转交易平台，鼓励农民在公开市场按照自愿、公平、公开的原则流转土地，减少土地流转的交易成本。其次是合理的农业扶持政策。有了完善的土地流转政策仍然不能有效解决新型职业农民的稳定收益问题，因为流转土地要付费，而且近几年土地流转费用一直看涨。现行的种粮补贴政策，实际上是对承包权的补贴，对拥有土地承包权农民的刚性收益补助，土地的实际经营者没有得到。除去支付土地流转费用，还要支付对细碎化土地的田坝平整、农田整理等费用，新型职业农民从规模收益上取得超额收益，已经所剩无几甚至入不敷出。在农业扶持政策的设计上，要加大针对农业经营权的补贴，实现谁种地、谁受益；还要加大对土地整理和农田水利建设的支持，减少职业农民的前期投入。通过政策性的有增有减，使职业农民有望得到与外出打工基本相当的收入。再次是金融扶持政策。资金是职业农民经营创业的瓶颈，可以通过政策性担保、农房抵押、流转土地抵押等手段鼓励金融机构向农民贷款，帮助职业农民完成农业创业的第一桶金。把外出务工回乡的青壮年农民培养成新型职业农民，还需要提供接受教育、提升技能的基础条件和相应的支助政策。作为以农为业、以农为生、有家有业的社会群体，新型职业农民在教育培训的要求上，已经不同于兼业的普通农民和刚刚离校的初高中毕业生，具有更强的系统性、实践性、弹性学习和政策支助要求。

系统性要求：职业农民不仅要知道农业技术和经营怎么做、还要知道为什么这样做。"既知其然，也要知其所以然"的系统性学习和训练，有助于职业农民应对农业生产和经营过程中的各种变化，举一反三，总结规律，成为农业生产经营的行家里手。既往那种一技一培的应急式培训已难以满足新型职业农民的要求。

实践性要求：新型职业农民要能动手，善操作。农业作为培育和采集生物生长果实的产业，气候、环境对农业生产的操作有着较大的影响，教学的实践性要求高，仅仅讲解理论、黑板教学远远不够，要通过在园区、企业、基地办班的方式，聘请在农业生产经营第一线、具有丰富实践经验的人员来授课，结合实地观摩，现场指导，才能真正取得效果。

弹性学习要求：成年农民要养家糊口，不可能像初高中毕业生那样接受全日制学习。必须实行弹性学制、半农半学、工学结合，逐步形成因人因地、宽时限、重实践、结总账的教学考核体系。

政策支助要求：农民参加学习要付出误工成本、交通成本、甚至食宿成本，以简单算术平均法计算每日要 200 元以上，如果再加上其他学习费用还要更多。高昂的学习费用、有限的支付能力，新型职业农民参加培训，国家必须给予更多的政策性支助。

[案例]

2013 年河南省夏邑县首次颁发了 52 名新型职业农民的证书，该县刘店集乡蔬菜种植大户王飞，1999 年 7 月，初中毕业后和其他农村青年一样到外地打工。2004 年他又回到了家乡。其父亲多年来在家里一直种植蔬菜，但规模较小。小王回到家后，决定跟着父亲学技术经营土地。他一方面向父亲请教蔬菜生产技巧，总结蔬菜生产经验；另一方面参加了县里举办的绿色证书培训班，学习大棚蔬菜栽培技术和知识。2006 年，小王扩大了蔬菜生产规模，建了 4 个塑料大棚，占地 8 亩。由于种菜技术掌握的越来越熟练，大棚蔬菜的效益逐年提高，一般每亩大棚蔬菜年效益都在 1 万元以上，小王尝到了种植蔬菜甜头。2010 年春借助河南省农业广播电视学校在当地"送教下乡"和"进村办班"的机会，对现代种植技术专业进行了系统学习充电，由于学校教学贴近农业生产、教师授课理论联系实际，进一步掌握了蔬菜种植技术和经营管理知识。更以优异成绩完成学业，获得中职教育毕业证书和职业技能资格证书"双证"。小王既有丰富的实践经验，又夯实了理论基础。小王经营土地2012年扩大到105亩，办起了家庭农场。根据学到的"人无我有，人有我优，人优我转"的市场经济知识，在做好大棚蔬菜的同时，探索发展其他高效种植的路子。2013年种植大棚蔬菜30亩，纯效益1万多元以上，收入30万元；大棚葡萄20亩，纯效益超过了1万元，收入20万元；优质梨树30亩，收入10万元；大棚杏树10亩，2014年结果；小杂果5亩，2014年结果；粮食作物10亩，每亩年协议1000元，收入1万元，2013年总收入60多万元。随着梨树、葡萄树、杏树等进入盛果期，效益将会逐年增加。王飞的经验也感染了周围青年，不少青年纷纷回家学种地发展大棚蔬菜，推动了当地经济的发展，也为"谁来种地"、"如何种地"探索出新的路子。

（二）积极引导"农二代"挑起"新农人"重担

随着农村经济的发展和国家对农业不断加大扶持力度，更多"农二代"走进沃土，加入"新农人"行列。实践中，这些年回归农门的"农二代"发挥的作用越来越大。一些种植大户因为"农二代"加入，在新品种引进、规模化管理等方面呈现优势；一些传统农区由于"农二代"回村带来新技术、新手段，土地效益迅速增长；一些传统产品因为"农二代"引入互联网思维，身价倍增。"农二代"作为具有新知识、新视野的崭新一代，使"新农人"的含金量日渐凸显。从各地来看，由"农二代"转化的"新农人"，大体有以下几类：一类是家庭农场、专业大户或者专业合作社领头人的后代，在父辈的带领下熟悉农耕、学习管理，有的已走上前台；另一类是学成归来或者就地成长的农家子弟，他们把自己的知识和技能挥洒在耕地上，日渐在田野上崭露头角；还有一类是在现代农业新浪潮、新思维影响下，以"农业+互联网"形式，或以"大学生村官"身份加入农耕行列，以他们的学识和胆识为传统农业增添了现代色彩。无论哪一种类型，他们有一个共同身份，"农二代"。这样的身份，使他们的"乡愁"深入骨髓，使他们对农业、对农村、对农民具有深刻的认同、情感和责任。因此，当他们面临职业选择或者人生规划时，在相同的背景条件和利益权衡下，选择农业、投身农业的主动性更强、自觉性更高。这种特性，也使他们与新中国历史上几次大的"下乡浪潮"，有了根本性区别，他们"下乡"是为了吃得更美好、吃得更长久，是将实现人生价值与改变农村面貌的目标合二为一。认清"农二代"这一特点，对当前大力推进的引导、培育、壮大新型职业农民成长具有很强的现实性和针对性。培育新型职业农民，既要鼓励更多有知识、懂管理、会经营的青年走进"新农人"，更要因势利导、顺势而为，创造条件让热爱农业又与农业具有天然血缘纽带、感情纽带的"农二代"成长为"新农人"。这将使我们少走弯路。做到这点，就要在农业院校培养、农村职业教育、农业技能培训等方面多下工夫，下真功夫，把有限的资金和人力物力精准地投入到农业接班人、未来"新农人"身上。引导"农二代"挑起"新农人"担子，效益吸引是最大动力。许多"农二代"选择回家接班，就是他们的父辈打下了基础，他们已经能够承接丰收的喜悦，拥抱比其他职业更有魅力的收获；而"农二代"纷纷跳出"农门"、农业陷于"老人农业"的根本原因，就在于农活苦累不挣钱。当前，我国现代农业正加紧发力，土地适度规模经营和农业机械化、信息化的推进，使传统农业发生了巨大变化，也使"新农人"有了更大的利益空间，势必吸引更多"新农人"成长。为此，必须继续突破制约农业效益增长的体制机制障碍，在农业发展亟须解决的基础设施建设、农业保险、农村金融等方面探索长效解决之道。现代农业正方兴未艾，大多数"农二代"将载着他们的梦想离开乡村，走进城镇，也必将有众多优秀的"农二代"子承父业，更拓展父业，成为现代农业的未来"掌门人"。

[阅读资料]

初夏时节，走进安徽省庐江县汤池镇的茶叶种植基地，一片片整齐的茶苗郁郁葱葱、青翠欲滴。赵晨每天必做的功课就是驾车去山地转上一圈，和茶农们一起对茶园修剪和除草。

赵晨皮肤白皙，衣装笔挺，但掩不住满脸稚气。"我是假'90后'，89年出生的。"赵晨笑着说。大学毕业后，他毅然从城市回到农村，从父亲手中接过接力棒，成为安徽白云春毫茶业开发有限公司的新一代"掌门人"。

"这4~5年，我把自己流转来的5 000多亩土地都当试验与展示，是为了让大家看到，用这些个品种和方式种出的茶叶能够打开市场。"赵晨说道，"推广品种、联系市场、解决种植误区，茶农在种植中遇到的任何问题我都要解决。"在他的努力下，公司生产的"白云春毫"茶叶颇受消费者青睐，在市场上供不应求，产品俏销全国40多个大中城市，预计今年可实现产值逾6 000万元。

今年34岁的朱书生大学毕业后，也选择回乡，身份是位于庐江县台湾农民创业园的安徽清水河生态农业有限公司"一把手"，目前，在安徽农业大学读农业推广硕士，妻子是他西南财经大学同学，和他一起携手创业。两口子不仅自己忙种植，还指导当地及周边地区上千农民种提子——价格是普通葡萄10倍以上，去年他们种植的提子刚挂果开摘，纯收入就达到80多万元。

"下一步把公司打造成现代特色高效观光采摘园，再搞深加工酿造提子酒，并逐步建设农家乐和葡萄酒庄。"朱书生对未来的发展充满信心，他直感慨"真的是赶上了'创时代'！"

如今在庐江，像赵晨、朱书生这样的"80后""90后"的"农二代"总经理越来越多，特殊的身份使他们的"乡愁"深入骨髓，他们对农业、农村、农民具有深刻的认同、情感和责任。因此，当他们面临职业选择或者人生规划时，义无反顾地选择农业、投身农村。作为有文化、懂技术、会经营、善管理的新型职业农民，他们的身影活跃在田间地头，阔步行进在农业现代化进程中。

据了解，庐江县这批挥别城市繁华回到农村，用知识和智慧再造故乡的"农二代"呈现三大特点：第一，是家庭农场、专业大户或专业合作社领头人的后代，在父辈的带领下熟悉农耕、学习管理，然后走上前台；第二，是学成归来或者就地成长的农家子弟，他们把自己的知识和技能挥洒在耕地里，日渐在田野上崭露头角；第三，是在现代农业新浪潮、新思维影响下，以"互联网＋"形式加入农耕行列，以他们的学识和胆识为传统农业增添现代色彩。

（三）重在提升新型职业农民素质

2014 年中共中央"一号文件"指出，要"积极发展农业职业教育，大力培养新型职业农民"。什么是新型职业农民？新型职业农民不仅仅是拥有了新机械、懂得了新技术，也不光是住进了新房屋搬进了新农村，更重要的是拥有新思想和新素质。中央农村工作会议提出的"人的新农村"，其要义也就在于此。

"新素质"农民是新常态下农业现代化建设的主体。培养"新素质"农民，必须以终身教育理念为指导，立足农民的职业生涯规划与国家发展战略，给农民以"梦想"，从而共同推进中国梦的实现。必须真正以农村农业农民为本，兼顾国家战略与农民个体发展进行系统规划，不是通过单一的技能培训将农民训练为工具，而是实施全面培养将其培养为"完整的人"；不是一时的培养，而是持续培养，贯穿终身。在培养过程中，要通过各种培训和学习，促使农民自身实现现代性转化，提高其能力，振作其精神，做有思想有梦想的"新素质"农民。

"新素质"农民是"五位一体"建设总体布局中生态文明建设的"排头兵"。"新素质"农民必须充分激发农业的生产、生活、生态的多元功能，做到让农业经营有效益，让农业发展有奔头，让农民职业很体面，让农村成为安居乐业的美丽家园。体现在生产上，随着科技进步和组织创新，"新素质"农民比传统农民更加专注于农业的专业化生产和经营，并将其作为实现自己人生价值的方式。体现在生活上，能够发现农业农村的生活价值，保持着一种审美的生活态度，并且以自身的生活追求去影响和带动城市人到农村体验生活的美好、淳朴的魅力。体现在生态上，不是以榨取大自然精华、牺牲生态环境为代价，而是实现人类生产活动与自然生态的和谐统一。

培养"新素质"农民关乎农村农业大计，应该从农业生产发展、农村社会治理、激活农村活力、增加农村生活魅力角度，来对"新素质"农民的培养目标进行重新定位。首先应该把农村作为实现梦想的地方、把农业作为创业的产业。其次，使其能够掌握必需的专业技术，学会技能和本领，能够顺利实现就业，成为有用之才，从而有体面有尊严。在此基础之上，帮助农民与大自然和谐共处，营造充满美感的"天人合一"的诗意生活。

第三节　新型职业农民中等职业教育

新型职业农民中等职业教育不仅是全面系统的综合性职业素质教育，而且是一个开放的并具有灵活性的学习体系。它把长期游离于职业教育之外的农村劳动力纳入培养对象，在专业设置上突出农业产业发展的需要，同时，还从观念、理念、道德等方面全方位提升农民素质。可以说，"基础性、系统性、专业性"的中职教育是当前各地培养新型职业农民的最直接、最有效的方式。2014 年 3 月，教育部和农业部共同印发了《中等职业学校新型职业农民培养方案试行》的通知，中等职业学校新型职业农民培养方案在全国试行，不仅是确保国家粮食安全的战略举措，也是农民教育的一件大事。

一、新型职业农民职业教育迎来新的机遇

2012 年，教育部与农业部联合立项启动了新型职业农民教育培养重大问题研究。而此次两部委联合印发《培养方案》就是探索建立一种符合农业产业生产经营实际、适合农民生产生活特点、符合职业教育规律的新型职业教育形式，它标志着中等职业教育率先向一线成年务农农民开放，是我国教育史上的重大事件是确保国家粮食安全的战略举措。《培养方案》的出台，首次将新型职业农民培育纳入我国中等职业教育体系，对加快培育新型职业农民、推进现代农业发展意义重大。

首先，培养出合格的农民是国家农业安全的重要基础。解决好吃饭问题始终是国家的头等大事，习近平总书记明确指出，中国人的饭碗任何时候都要牢牢端在自己手上。要保障一个国家的农业安全，造就一大批高素质的农业劳动者和经营者是一项重大战略选择。农业离不开农民，我们面临的现实是不仅农民数量萎缩，而且素质堪忧。农村青壮年农民急剧减少，农业劳动力老龄化严重，"未来谁种地"备受全社会关注。因为没有人，农业安全就是一句空话。正像习近平总书记指出的，"农村经济社会发展，说到底，关键在人。没有人，没有劳动力，粮食安全谈不上，现代农业谈不上，新农村建设也谈不上，还会影响传统农耕文化保护和传承。"正因如此，吸引有志于农业的年轻人务农，把他们培育成有文化、懂技术、会经营的新型职业农民就显得尤为重要。

其次，中等职业教育率先向成年务农农民开放，是我国教育

史上的重大事件，将对我国教育支农工作产生深远影响。以往的职业教育大都是以转移农业劳动力为目标，即使是涉农专业的学生也很少回到农村从事农业生产。教育在某种程度上变成了加速农业和农村衰落的工具。中等职业学校新型职业农民培养方案把正在务农的农民作为培养对象，真正实现了培养"留得住、用得上"的农业人才的目标。特别是把学员年龄上限设置在了50岁，是尊重农业农村现实的体现。我们调查显示，40～50岁的农业劳动力群体，不仅是农业劳动力的主体部分，而且对农业知识的渴望和需求最强烈，他们中的很多人珍惜土地，热爱农村，对农业具有十分深厚的感情，具有丰富的农业生产经验，其中，不少人已经成为专业大户、家庭农场主或合作社的带头人。通过系统的专业培养，不仅可以提高该群体的农业发展能力，也可以很好地发挥中年农民在传承农业与农村文化过程中的纽带作用，通过他们影响和带动年轻人。

再次，培育新型职业农民是提高农民地位的重要措施。年轻人不愿做农民除了农业辛苦、收入低等因素外，还在于农民的社会地位低下，被人认为"没出息"的人才留在农村当农民。把农民纳入中等职业教育系列，提高农民素质的同时，也提高了农民的自豪感、自信心和社会地位。它向社会表明了这样一种姿态：不是什么人都可以当农民的，农民与其他技术岗位一样，同样需要系统知识、技术能力以及相应的学历资格。中等职业学校培养新型职业农民是吸引青年人学农务农的有效手段。未来的农业应该成为对年轻人有吸引力的职业之一，按照习总书记提出的"农业应该成为大中专院校毕业生就业创业的重要领域。要制定大中专院校特别是农业院校毕业生到农村经营农业的政策措施，鼓励、吸引、支持他们投身现代农业建设。"的要求，加快建立以中高等农业职业院校、农业广播电视学校、农民科技教育培训中心等机构为主体，农技推广服务机构、农业科研院所、农业大学、农业企业和农民合作社广泛参与的新型职业农民教育制度，是增强农业吸引力的重要方面。

《培养方案》规定实行弹性学制、半农半读，课程学习的选择性与开放性，学分制、强调实践能力等，都适应了在职农民特点，具有多方面的突破。但是也应该看到，培养新型职业农民在我国还是一件新生事物，特别是对在职农民进行系统的学历教育，没有现成的模式可以遵循。各类职业院校和农民培训机构，应该根据《培养方案》中所提出的原则、目标、课程体系和教育形式，结合当地的实际进行探索和创新，根据文件精神，在实施新型职业农民教育过程处理好3种关系。

第一，处理好教育与培育的关系。新型职业农民的形成不仅需要教育，而且需要农业制度环境。制度环境包括了十分丰富的内容，如新型职业农民可以通过流转获得生产性用地，生产过程中能获得的支持与帮助，完善的农业社会化服务体系，农业补贴制度以及农业政策保险等。没有适合新型职业农民成长的农业制度环境，就难以构成对新型职业农民的吸引，教育新型职业农民也就无从谈起。有人认为，新型职业农民得教育对象应该是初中毕业的青年人，问题在于这些人是不是有农业生产的环境条件和从事农业的愿望。如果我们培养的人不愿意从事农业，或者想从事农业但是没有从事农业的条件，对教育来说就是一种浪费。因此，对正在务农的人群中开展新型职业农民的教育，是最为可行的方式。新型职业农民的典型特征是高素质，不仅需要知识技能，更需要宽广的视野、综合的管理能力、优良的职业道德和诚信的经营理念。这需要长期持续的系统教育过程。由此可见，仅有职业农民的形成的农业制度环境是不够的，新型职业农民不会自动形成。同样，仅有对农民的教育过程也是不够的，因为当人们不能获得从事农业生产的多种资源时也不能成为职业农民。新型职业农民的培育过程，是把对农民的教育和对农民与农业的支持有效结合起来，缺少任何一个方面，都难以培育出合格的新型职业农民。

第二，处理好学历与能力的关系。《培养方案》明确规定，学生在学制有效期限内完成规定的课程学习，考试考核成绩合格，达到规定的毕业学分数，即可获得国家承认的中等职业教育学历，由学校颁发中等职业学校毕业证书。采用弹性学制、灵活的教育方式获得国家承认的学历，对农民综合素质的提升以及社会地位的提高无疑是十分重要的。但是也应该看到，农民是最讲实际的群体，新型职业农民与其他受教育群体显著不同在于，新型职业农民并不是靠这张"文凭"作为进入社会的敲门砖，而是要通过学习获得实实在在经营农业的能力。这就对新型职业农民教育机构提出了不同于一般教育机构的特殊要求。这种特殊性突出表现在要求办学机构具有丰富的办学经验，不仅具有理论教学水平和条件，还要具备解决农民生产和经营实践中具体问题的能力，具备能够进村、入社、到场，把教学班办到乡村、农业企业、农民合作社、农村社区和家庭农场的能力。新型职业农民教育既要强调系统正规，又要强调灵活和实用；既要方便农民学习，也要方便农民之间的交流。要始终把提高农民的综合能力作为教育和考核的主要指标。

第三，处理好依托培养方案与创新课程体系的关系。《培养方案》的制定过程，坚持了服务产业、农学结合、实用开放、方便农民、科学规范等原则，按照职业教育教学规律、农业产业特点和培养新型职业农民的要求，积极吸收和借鉴国内外职业教育经验，科学设置专业课程体系，强调以能力培养为核心、突出实践环节的教学方式，建立并完善以学分认定和管理制度为纽带的新型职业农民中等职业教育体系，是保障新型职业农民教育质量的依据。只有依托培养方案，才能形成协调一致的新型职业农民教育体系，衡量和评估教育质量。同时我们也必须看到，新型职业农民教育是个新事物，农民所从事的农业活动具有综合性特点，传统的专业教育模式难以适应培养新型职业农民的要求。因此，各地农民教育机构应该在《培养方案》指导下，积极创新课程体系，特别要鼓励开发出能够满足新型职业农民需求的综合性课程。如农业概论、家庭农场管理、农业风险规避、农业政策与涉农法规等，都是农民需要的有待开发的综合性课程。综合性课程不是多个专业课程的简单相加与合并，而是要建立自身的概念体系、逻辑体系和独立的思维视角。

新型职业农民培育是一项任重而道远的伟大事业，要充分认识到其意义，同时，也必须看到其困难。新型职业农民培育是教育部门重要责任，也是农业部门的重要基础。但是，仅仅靠教育和农业部门的力量还远远不够，需要政府各个部门的协作，需要社会力量的支持，也需要教育机构的大胆创新。只有动员全社会的力量关心农民、关注农业，形成支持农业和尊重农民的社会氛围与合力，才能创造出培育新型职业农民成长的环境。

二、新型职业农民中等职业教育的切入点

在培育新型职业农民的过程中，需要找准职业教育与农民最佳结合点，因地制宜，大胆创新，探索生产经营型、专业技能型和社会服务型"三类协同"的新型职业农民培育制度体系，培育对象要与农业产业发展同步，与新型经营主体发育同步，与农业重大工程项目同步，才能培养出具有高度社会责任感和职业道德、良好科学文化素养和自我发展能力、较强农业生产经营和社会化服务能力，适应现代农业发展和新农村建设要求的新型职业农民。新型职业农民中等职业教育要从以下几个为切入点。

（1）在培养目标上，以培养具有高度社会责任感和职业道德、良好科学文化素养和自我发展能力、较强农业生产经营和社会化服务能力，适应现代农业发展和新农村建设要求的新型职业

农民为目标。根据农业部的规划，我国培育新型职业农民的规模目标将达到1亿。

（2）在基本学制上，要充分考虑到农民兼顾学习与生产的实际情况，实行弹性学制，有效学习年限为2～6年，总学时为2 720学时。完成2 720学时、修满170学分即可毕业并允许学生采用半农半读、农学交替等方式，分阶段完成学业。这样对于乡村办班来说，有比较充足的时间用于生产实践，农民学生可以负担得起。既兼顾了教学质量，又考虑到农民中职教育实际。认可农民学生的学习培训经历、生产技能等，可以折抵学分；强化学生的实践能力的培养，实验实习、专业见习、技能实训、岗位实践等多种实践学习方式，均纳入学时认可范围。

（3）在课程设置上，公共基础课的设置要紧密切合农民生产生活实际，突出实用性和针对性，减少与生产经营和农民生活关系不大的理论课；专业核心课和能力拓展课按产业和岗位设置，理论学习与实践实习交互结合，学科知识融入主干课程之中，按照生产环节实行模块化学习。允许根据产业的实际需要和学生自身的生产生活实际适当调整或增开其他课程，通过开放、灵活、互通的课程设置，着力解决新型职业农民教育培养能力素质复合性问题。

（4）在培养对象上，要从现有的农村劳动力中"挖掘"，依靠地方学习培养"本土化"人才。据农业部调查显示，我国农业劳动力年龄主要集中在40岁以上，占全部从事农业生产人数的75.9%，平均年龄接近50岁。这些成年劳动者是我国现代农业建设的主力。因此，结合农业劳动力相应的学习能力以及教学管理，年龄一般在50岁以下，初中毕业以上学历（或具有同等学力），主要从事农业生产、经营、服务和农村社会事业发展等领域工作的务农农民以及农村新增劳动力。重点是专业大户、家庭农场经营者、农民合作社负责人、农村经纪人、农业企业经营

管理人员、农业社会化服务人员和农村基层干部等。为保证国家粮食安全，支持和鼓励所有务农农民注册学习

（5）在专业选择上，根据现代农业发展需要和农民生产经营实际需求，充分考虑各区域的农业特色、农民发展需求等因素，制定不同的课程体系。我国地域广阔，各地农业资源禀赋差别较大，农民所面对的发展困境也有很大不同，因此，内容设置上不能搞"一刀切"。一方面，要根据不同培养对象开设不同专业课程。面向农业生产经营大户，重点开展生产技术、经营管理、市场营销等相关内容教育；面向农机手、植保员等技能服务人才，重点开展职业技能训练。另一方面，要根据各地的主导产业和特色产业灵活把握专业设置。河南省夏邑县农广校坚持"培育新农民、发展新农业、服务新农村"的思路，创造了"开设一个专业、办好一个教学班、搞好一个生产示范点、培养一批科技骨干、扶植一项支柱产业、致富一方农民"的农民教育模式。围绕市场选产业，根据产业办专业，办好专业促产业；结合农时季节，进专业村、办专业班、讲专业课；发展"一村一品"，有的放矢，课程紧扣生产实际，农民有积极性，有效地促进了农村发展，农业增收，农民致富。这种因地制宜的教育内容，使农民生产需要和现代产业农民的职业资格实现了有效对接。不单包含以往侧重于技术和技能的职业教育培训，而也从观念、理念、道德、技术、能力等方面全方位提升培育新型职业农民素质的系统教育。

（6）在培养方式上，遵循"农学结合、弹性学制"思路，以分散和灵活多样的方式安排教学计划。实行弹性学制、半农半读，课程学习的选择性与开放性，学分制、强调实践能力等，都适应了在职农民特点，具有多方面的突破。针对农民学习特点，采取集中学习与个人自学相结合，课堂教学与生产实践相结合，脱产、半脱产和短期脱产学习等方式开展新型职业农民教育。还

可以送教下乡、巡回走教，把优质教育资源送到农村，把实践课放在田间地方案头、养殖场。农民居住分散、学习要与生产兼顾，这就更需要适应实际，帮助农民做到集中学习与农业生产交替进行，将教学班办到乡村、农业企业、农民合作社、农村社区和家庭农场，重视学用结合、学以致用。

（7）在培育主体上，构建"一主多元"教育培训体系。新型职业农民的培育坚持"政府主导、行业管理、产业导向、需求牵引"原则，聚合优势资源，以农业广播电视学校、农民科技教育培训中心等农民教育培训专门机构为主体，以农业院校、农业科研院所和农技推广服务机构及其他社会力量为补充，以农业园区、农业企业和农民专业合作社为基地，满足新型职业农民多层次、多形式、广覆盖、经常性、制度化教育培训需求。充分发挥各种农民教育培训资源作用，鼓励和支持相关机构积极参与农民教育培训，形成大联合、大协作、大教育、大培训格局。探索农业新型职业农民培育模式和制度体系。探索依托现代农业示范区、国家农业科技创新与集成示范基地、农业科技园区、农民创业园等平台培育新型职业农民模式。用市场资源培育新型职业农民，鼓励农业企业参与合作培养，探索政府补助、农民（企业）出资的培育模式；开展中法农民教育合作，在高等职业教育、教师出国进修、短期培训方面开展合作。各级农广校在培育新型职业农民过程中，应充分发挥中央、省、市、县农广校"四级办学"优势，加强县级农广校办学条件建设，保证教育质量。办好固定课堂、流动课堂、田间课堂、空中课堂"四个课堂"，充分发挥校长、专兼职教师、管理人员"三支队伍"的职能作用，总结和推广"送教下乡"、"进村办班"经验，扎扎实实地推进新型职业农民培育。

三、把握好职业农民培训和农民职业教育原则

在探索培育新型职业农民的实践中，要把握好农业职业教育的工作重点。从现代农业发展方向看，种养大户、家庭农场、农民专业合作组织等将日益成为农业生产的主力军。而这些新型主体的发展，又必须紧紧依靠高素质的新型职业农民。农业职业教育要适应这种发展趋势，把培育有科技素质、有职业技能、有经营能力的新型职业农民作为中心任务，创新教育教学方式，改革人才培养模式，促进教育与生产实践相结合、与农业产业需求和农民教育培训需求相对接，加快培育一支多层次、多领域、高水平的农业劳动力大军。通过一系列的教育教学改革，着力解决好职业农民教育培训过程中职业教育与产业教育的融合性问题，同时，要把握 5 个原则。

一是坚持服务产业的原则。将农民职业教育与农业产业发展紧密结合，改革传统专业教育为现代产业教育，促进职业教育与产业岗位、教学目标与职业能力、课程内容与职业标准、教学过程与生产实际全面对接和深度融合，加快培养适应现代农业专业化、集约化和规模化生产经营要求的新型职业农民。

二是坚持农学结合的原则。满足农业产业发展和农民生产经营岗位需求，强化重视学用结合、学以致用，做到教学内容与生产实际，教学安排与农时农事，理论教学与实践实习，集中学习与生产实践等紧密结合。采用适合农学交替、半农半读学习方式的学分管理制度，把生产经营技能、职业资格等既有学习成果纳入学历教育学分认定。

三是坚持实用开放的原则。因时因地因人制宜，采取集中授课、现场指导、实践实习跟踪服务相结合的教学方式，突出课程的可选择性和综合性，提供开放性的专业方向和课程体系；实行弹性学制，为务农农民完成学业提供便利。

四是坚持方便农民的原则。顺应务农农民学习规律，适应农民居住分散、学习与生产兼顾的实际，主要采取"就地就近，送教下乡"等多种方式开展农民职业教育。

五是坚持科学规范的原则。按照职业教育教学规律、农业产业特点和培养新型职业农民的要求，积极吸收借鉴国内外职业教育经验，科学设置专业课程体系，规范以能力培养为核心、突出实践环节的教学方式，建立并完善以学分认定和管理制度为纽带的新型职业农民中等职业教育体系，确保教育教学质量。

第三章　什么是新型农业经营主体

第一节　新型农业经营主体的内涵

党的"十八大"提出建立新型农业经营体系。"新型农业经营体系"这一概念在中共中央文件中是第一次被提及。所谓"新型"，是相对于传统小规模分散经营而言的，是对传统农业经营方式的创新和发展。"农业经营"的涵义较广，既涵盖农产品生产、加工和销售各环节，又包括各类生产性服务，是产前、产中、产后各类活动的总称。"体系"泛指有关事物按照一定的秩序和内部联系组合而成的整体，这里既包括各类农业经营主体，又包括各主体之间的联结机制，是各类主体及其关系的总和。

新型农业经营主体与新型职业农民

（一）新型农业经营主体的定义

新型农业经营主体是建立于家庭承包经营基础之上，适应市场经济和农业生产力发展要求，从事专业化、集约化生产经营，组织化、社会化程度较高的现代农业生产经营组织形式。从目前的发展来看，新型农业经营主体主要包括专业大户、家庭农场、农民合作社、产业化龙头企业等类型，是新型农业经营主体的组织形态。其主要实施者就是家庭农场主、农民合作社理事长、产业化龙头企业法人代表等"领办人"，属于新型职业农民范围，是新型农业经营主体的个体形态。随着我国农业农村经济的不断发展，以农业专业大户、家庭农场、农民合作社和农业企业为代表的新型农业经营主体，日益显示出发展生机与潜力，并已成为中国现代农业发展的核心主体。

（二）新型农业经营主体的主要特征

1. 以市场化为导向

自给自足是传统农户的主要特征，商品率较低。在工业化、城镇化的大背景下，根据市场需求发展商品化生产是新型农业经营主体发育的内生动力。无论专业大户、家庭农场，还是农民合作社、龙头企业，都围绕提供农业产品和服务组织开展生产经营活动。

2. 以专业化为手段

传统农户生产"小而全"，兼业化倾向明显。随着农村生产力水平提高和分工分业发展，无论是种养、农机等专业大户，还是各种类型的农民合作社，都集中于农业生产经营的某一个领域、品种或环节，开展专业化的生产经营活动。

3. 以规模化为基础

受过去低水平生产力的制约，传统农户扩大生产规模的能力较弱。随着农业生产技术装备水平提高和基础设施条件改善，特别是大量农村劳动力转移后释放出土地资源，新型农业经营主体为谋求较高收益，着力扩大经营规模、提高规模效益。

4. 以集约化为标志

传统农户缺乏资金、技术，主要依赖增加劳动投入提高土地产出率。新型农业经营主体发挥资金、技术、装备、人才等优势，有效集成利用各类生产要素，增加生产经营投入，大幅度提高了土地产出率、劳动生产率和资源利用率。

（三）各类农业经营主体的功能定位

专业大户和家庭农场具备的适度规模、家庭经营、集约生产的特点，决定了其主要形成在二、三产业较为发达，劳动力转移比较充分。农村要素市场发育良好的地区，功能作用体现在通过从事种养业生产，为生活消费、工业生产提供初级农产品和加工原料。

农民合作社是带动农户进入市场的基本主体，是发展农村集体经济的新型实体，是创新农村社会管理的有效载体，特别在农资采购、农产品销售和农业生产性服务等领域具有比较有效，具有带动散户、组织大户、对接企业、联结市场的功能，应成为提高农民组织化程度、引领农民参与国内外市场竞争的现代农业经营组织。

龙头企业集成资金、技术和人才，适合在产中服务和产后领域发挥功能作用。在产中主要为农户提供各类生产性服务，包括农业生产技术、农资服务、金融服务、品牌宣传、新品种试验示范、基地人才培训等方面。在产后主要开展农产品加工和市场营销，延长农业产业链条，增加农业附加值。

（四）新型农业经营主体和传统农户的关系

一是大量的传统农户会长期存在。家庭承包经营是我国农村基本经营制度的基础，传统农户是农业基本经营单位。因此，不能因为强调发展新型农业经营主体，就试图以新型农业经营主体完全取代传统农户，这是一个误区。此外，这些小规模农户存在先天不足，抗御自然风险和市场风险的能力较弱，而且在我国农业市场化程度日益加深、农业兼业化和农民老龄化趋势不断加快的过程中，传统农户的弱势和不足表现得更加明显。在支持新型农业经营主体的同时，也要大力扶持传统农户，这不不仅是发展农村经济、全面建成小康社会的需要，而且是稳定农村大局、加快构建和谐社会的需要。

二是新型主体和传统农户相辅相成。新型经营主体与传统农户不同，前者主要是商品化生产，后者主要是自给性生产。两者尽管有一定的竞争关系，但更有相互促进的关系。新型主体发展，尤其是龙头企业、合作社，可以对传统农户提供生产各环节的服务，推动传统农户生产方式的转变。与此同时，传统农户也可以为合作社、龙头企业提供原料，成为其第一车间。在发展中，特别是在扶持政策上，对传统农户和新型经营主体并重，不可偏废。

第二节　不同类型农业经营主体的定义及功能

（一）专业大户

1. 专业大户的定义

专业大户包括种养大户、农机大户等，这里主要指种养大户。通常指那些种植或养殖生产规模明显大于当地传统农户的专业化农户，是指以农业某一产业的专业化生产为主，初步实现规模经营的农户。目前，国家还没有专业大户的评定标准，各地各行业的专业大户的评定标准差别较大。在现有的专业大户中，有相当部分仅仅是经营规模的扩大，集约化经营水平并不高。

2. 专业大户的主要功能

专业大户是规模化经营主体的一种形式，承担着农产品生产尤其是商品生产的功能以及发挥规模农户的示范效应，向注重引导其向采用先进科技和生产手段的方向转变，增加技术、资本等生产要素投入，着力提高集约化水平。

（二）家庭农场

1. 家庭农场的定义

家庭农场是指以农民家庭成员为主要劳动力，利用家庭承包土地或流转土地，从事规模化、集约化、商品化农业生产，以农业经营收入为家庭主要收入来源的新型农业经营主体，是农户家庭承包经营的"升级版"。家庭农场经营范围除从事种植业、养殖业、种养结合，可兼营与其经营产品相关的研发、加工、销售或服务。

家庭农场的生产作业、要素投入、产品销售、成本核算、收益分配等环节，都以家庭为基本单位；家庭农场的专业化生产程度和农产品商品率较高，主要从事种植业、养殖业生产，实行一业为主或种养结合的农业生产模式；家庭农场的种植或养殖经营必须达到一定规模，以适度规模经营为基础，这是区别于传统小农户的重要标志。

2. 家庭农场的功能

家庭农场的主要作用与专业大户基本一样，也是规模化经营主体的一种形式，承担着农产品生产尤其是商品生产的功能，以及发挥对小规模农户的示范效应，应注重引导其向采用先进科技和生产手段的方向转变，增加技术、资本等生产要素投入，着力提高集约化水平。

3. 家庭农场的发展依据

家庭农场这是个源于欧美的舶来名词，在我国家庭农场作为新生事物于 2013 年中共中央"一号文件"中首次提出，目前，还处在发展的起步阶段。关于家庭农场的建设，目前国家还没有统一的认定标准，但是家庭农场的基本属性和核心内涵是比较明确的。当前各地指导发展家庭农场主要是依据农业部《关于促进家庭农场发展的指导意见》（农经发〔2014〕1 号），并结合当地实际情况制定的家庭农场认定标准开展的。各地的家庭农场认定标准虽不统一，但是，家庭农场的主要条件和要求，都基本符合农业部促进家庭农场发展指导意见的精神。

4. 家庭农场的基本特征

近年来，我国家庭农场发展开始起步，正成为一种新型的农业经营方式。据农业部调查统计，截至 2012 年年底，全国有符合统计条件的家庭农场 87.7 万个，经营耕地面积达到 1.76 亿亩，占全国承包耕地总面积的 13.4%；平均每个家庭农场经营耕地面积达到 200.2 亩，2012 年每个家庭农场经营收入达到

18.47万元。总结各地实践，准确把握我国家庭农场的基本特征，既要借鉴国外家庭农场的一般特性，又要切合我国基本国情和农情。具体可从以下4个方面来把握。

第一，以家庭为生产经营单位。家庭农场的兴办者是农民，是家庭。相对于专业大户、合作社和龙头企业等其他新型农业经营主体，家庭农场最鲜明的特征是以家庭成员为主要劳动力，以家庭为基本核算单位。家庭农场在要素投入、生产作业、产品销售、成本核算、收益分配等环节，都以家庭为基本单位，继承和体现家庭经营产权清晰、目标一致、决策迅速、劳动监督成本低等诸多优势。家庭成员劳动力可以是户籍意义上的核心家庭成员，也可以是有血缘或姻缘关系的大家庭成员。家庭农场不排斥雇工，但雇工一般不超过家庭务农劳动力数量，主要为农忙时临时性雇工。

第二，以农为主业。家庭农场以提供商品性农产品为目的开展专业化生产，这使其区别于自给自足、小而全的农户和从事非农产业为主的兼业农户。家庭农场的专业化生产程度和农产品商品率较高，主要从事种植业、养殖业生产，实行一业为主或种养结合的农业生产模式，满足市场需求、获得市场认可是其生存和发展的基础。家庭成员可能会在农闲时外出打工，但其主要劳动场所在农场，以农业生产经营为主要收入来源，是新时期职业农民的主要构成部分。

第三，以集约生产为手段。家庭农场经营者具有一定的资本投入能力、农业技能和管理水平，能够采用先进技术和装备，经营活动有比较完整的财务收支记录。这种集约化生产和经营水平的提升，使得家庭农场能够取得较高的土地产出率、资源利用率和劳动生产率，对其他农户开展农业生产起到示范带动作用。

第四，以适度规模经营为基础。家庭农场的种植或养殖经营必须达到一定规模，这是区别于传统小农户的重要标志。结合我国农业资源禀赋和发展实际，家庭农场经营的规模并非越大越好。其适度性主要体现在：经营规模与家庭成员的劳动能力相匹配，确保既充分发挥全体成员的潜力，又避免因雇工过多而降低劳动效率；经营规模与能取得相对体面的收入相匹配，即家庭农场人均收入达到甚至超过当地城镇居民的收入水平。

[案例]

河南省鹤壁市首个家庭农场落户淇县

淇县北阳镇金大地家庭农场在淇县工商局顺利拿到了个人独资企业营业执照，成为鹤壁市首家经工商部门注册登记的家庭农场。金大地家庭农场位于北阳镇王庄村，总面积1 100余亩，投资800余万元，主要以培育法桐、木槿、栾树等大规格优质苗木为主，林间间作种植芹菜、菠菜、西葫芦、西瓜等时令蔬菜和水果，并在部分地块散养土鸡。这一模式将有效提高林农经济收入，对调整林业种植结构，促进林业增效、农民增收起到积极作用。对此，淇县林业部门在资金及政策方面给予了大力扶持。有专家指出，家庭农场可解决农业经营规模小、效益低的问题，有助于提高农业产业化经营水平，促进农业增效和农民增收。金大地家庭农场的出现，具有较强的示范意义。

5. 发展家庭农场的重要性

当前，我国农业农村发展进入新阶段，应对农业兼业化、农村空心化、农民老龄化的趋势，亟须构建集约化、专业化、组织化、社会化相结合的新型农业经营体系。家庭农场保留了农户家庭经营的内核，坚持了家庭经营在农业中的基础性地位，适合我国基本国情，符合农业生产特点，契合经济社会发展阶段，是引领农业适度规模经营、构建新型农业经营体系的有生力量。

第一，发展家庭农场是应对"谁来种地、地怎么种"问题的需要。一方面，大量青壮年劳动力离土进城，在一些地方出现农业兼业化、土地粗放经营甚至撂荒，需要把进城农民的地流转给愿意种地、能种好地的专业农民；另一方面，一些地方盲目鼓励工商企业长时间、大面积租种农民承包地，既挤占农民就业空间，也容易导致"非粮化"、"非农化"。培育以农户为单位的家庭农场，则是在企业大规模种地和小农户粗放经营之间走的"中间路线"，既有利于实现农业集约化、规模化经营，又可以避免企业大量租地带来的种种弊端。

第二，发展家庭农场是坚持和完善农村基本经营制度的需要。随着市场经济的发展，传统农户小生产与大市场对接难的矛盾日益突出，使一些人对家庭经营能否适应现代农业发展要求产生疑问。在承包农户基础上孕育出的家庭农场，既发挥了家庭经营的独特优势，符合农业生产特点要求，又克服了承包农户"小而全"的不足，适应现代农业发展要求，具有旺盛的生命力和广阔的发展前景。培育和发展家庭农场，很好地坚持了家庭经营在农业中的基础性地位，完善了家庭经营制度和统分结合的双层经营体制。

第三，发展家庭农场是发展农业适度规模经营和提高务农效益，兼顾劳动生产率与土地产出率同步提升的需要。土地经营规模的变化，会对劳动生产率、土地产出率产生不同的影响。如果土地经营规模太小，虽然可以实现较高的土地产出率，但会影响劳动生产率，制约农民增收。目前，许多地方大量农民外出务工，根本原因在于土地经营规模过小，务农效益低。户均$0.5hm^2$地，无论怎么经营都很难提高务农效益。当然，如果土地经营规模过大，虽然可以实现较高的劳动生产率，但会影响土地产出率，不利于农业增产，也不符合我国人多地少的国情农情。因此，发展规模经营既要注重提升劳动生产率，也要兼顾土地产出率，把经营规模控制在"适度"范围内。家庭农场以家庭成员为主要劳动力，在综合考虑土地自然状况、家庭成员劳动能力、农业机械化水平、经营作物品种等因素的情况下，能够形成较为合理的经营规模，既提高了务农效益和家庭收入水平，又能够实现土地产出率与劳动生产率的优化配置。

第四，发展家庭农场是借鉴国际经验，提高我国农业市场竞争力的需要。随着农产品市场的日益国际化，如何提高农户家庭经营的专业化、规模化水平，以确保我国农业生产的市场竞争力，是我们必须从长计议、作出前瞻性战略部署的重大课题。环顾世界，在工业化、城镇化过程中如何培育农业规模经营主体，主要有两个误区：一是一些国家盲目鼓励工商资本下乡种地，导致大量农民被迫进城，形成贫民窟，给国家经济社会转型升级造成严重影响。二是一些国家和地区长期在保持小农经营与促进规模经营之间犹豫不决，导致农业规模经营户发展艰难，农业市场竞争力始终上不去甚至下降。从长远讲，提升我国农业市场竞争力，必须尽快明确发展家庭农场的战略目标，建立健全相应的引导和扶持政策体系，促进农业适度规模经营发展。

6. 引导和扶持家庭农场的发展

我国家庭农场刚刚起步，其发展是一个循序渐进的过程。目前，发展家庭农场虽然具备了前所未有的机遇，但仍面临着诸多条件限制和困难。工作中，我们要充分认识发展家庭农场的长期性和艰巨性，坚持方向性与渐进性相统一，认清条件、顺势而为，克服困难、积极作为。

第一，认清条件，因地制宜。家庭农场的发展与土地适度集聚分不开，而土地适度集聚又必须与二、三产业发展和农村劳动力转移相适应，不能人为超越。只有农村劳动力大量转移、一家一户的小规模农户流转出承包地成为可能，才具备家庭农场集聚土地的条件。而我国工业化、城镇化的发展是一个长期过程，各地经济社会发展水平又不平衡，这就决定了家庭农场发展的长期性、艰巨性。引导家庭农场健康发展，必须从我国当前所处的发展阶段和各地实际出发，科学把握条件，因地制宜、分类指导，防止拔苗助长、一哄而上。要充分认识到，在相当长时期内普通农户仍是农业生产经营的基础，在发展家庭农场的同时，绝不能忽视普通农户的地位和作用。

第二，引导土地经营权向家庭农场流转。除了自家少量承包地外，家庭农场的大部分经营土地，需要通过租赁其他农户承包地的方式获得，这也决定了我国家庭农场的重要特征是租地农场。从国外经验看，租地农场发展往往面临租金负担重、租期短且不稳定的约束，这也正是人多地少的东亚国家家庭农场发展缓慢的重要原因。目前，农村土地承包经营权确权不到位、权能不完善；农村土地流转服务平台不健全、流转信息不畅通；工商资本盲目下乡租地，推动租金过快上涨，都使家庭农场扩大经营规模面临不少困难。为此，要抓紧抓实农村土地承包经营权确权登记颁证工作，为土地经营权流转奠定坚实基础；建立健全土地流转公开市场，完善县乡村三级服务和管理网络，为流转双方提供信息发布、政策咨询、价格监测等服务；加强土地流转合同管理，提高合同履约率，依法保护流入方的土地经营权，稳定土地流转关系。鼓励有条件的地方对长期流转出承包地的农户给予奖励和补助。

第三，引导家庭农场形成合理的土地经营规模。家庭农场的土地经营规模并非越大越好，规模过大不仅会超出家庭成员劳动能力，导致土地产出率下降，而且也不符合人多地少的基本国情农情。按照与家庭成员的劳动能力和生产手段相匹配、与能够取得相对体面的收入相匹配，引导家庭农场形成适度土地经营规模。据调查，现阶段从事粮食作物生产的，一年两熟制地区户均耕种 50 ~ 60 亩、一年一熟制地区户均耕种 100 ~ 120 亩，就大体能够体现上述"适度性"，使经营农业有效益，使务农取得体面收入。当然，这种"适度"因自然条件、从事行业、种植品种及其生产手段等不同而有差异。鼓励各地充分考虑地区差异，研究提出本地区家庭农场土地经营规模的适宜标准。要防止脱离当地实际，片面追求超大规模的倾向，人为归大堆、垒大户。

第四，加强对家庭农场经营者的培养。目前大多数家庭农场发源于传统的承包农户，经营者文化水平总体较低，缺乏技术和经营管理能力。要加快培育新型职业农民，逐步培养一大批有文化、懂技术、会管理的家庭农场经营者。完善相关政策措施，鼓励中高等学校特别是农业职业院校毕业生、务工经商返乡人员兴办家庭农场。鼓励家庭农场经营者通过多种形式参加中高等职业教育，取得职业资格证书或农民技术职称。

第五，健全对家庭农场的相关扶持政策。家庭农场开展规模化生产经营，对信贷、保险、设施用地、社会化服务等提出了新的要求。要将家庭农场纳入现有支农政策扶持范围并予以倾斜，重点支持家庭农场稳定经营规模、改善生产条件、提高技术装备水平、增强抵御自然和市场风险能力等。建立家庭农场管理服务制度，增强扶持政策的精准性、指向性。强化面向家庭农场的社会化服务，引导家庭农场加强联合与合作，有效解决家庭农场发展中遇到的困难和问题。

第六，探索家庭农场私募发债融资。中国人民银行发布的《关于做好家庭农场等新型农业经主体金融服务的指导意见》，要求各银行业金融机构要切实加大对家庭农场等新型农业经营主体的信贷支持力度，重点支持新型农业经营主体购买农业生产资料、购置农机具、受让土地承包经营权、从事农田整理、农田水利、大棚等基础设施建设维修等农业生产用途，发展多种形式规模经营。强调各银行业金融机构要合理确定新型农业经营主体贷款的利率水平和额度，适当延长贷款期限，积极拓宽抵质押物担保物范围。对于受让土地承包经营权、农田整理等，可以提供3

年期以上农业项目贷款支持；对于从事林木等生长周期较长作物种植的，贷款期限最长可为 10 年。同时，拓宽家庭农场等新型农业经营主体多元化融资渠道。对经工商注册为有限责任公司、达到企业化经营标准、满足规范化信息披露要求且符合债务融资工具市场发行条件的新型家庭农场，可在银行间市场建立绿色通道，探索公开或私募发债融资。

（三）农民合作社

1. 农民合作社的定义

农民专业合作社是在农村家庭承包经营基础上，同类农产品的生产经营者或者同类农业生产经营服务的提供者、利用者，自愿联合、民主管理的互助性经济组织，服务对象及经营服务范围是农民合作社以其成员为主要服务对象，提供农业生产资料的购买，农产品的销售、加工、运输、贮藏以及与农业生产经营有关的技术、信息等服务。

2. 农民合作社的功能

农民合作社通过农户间的合作与联合，具有带动散户、组织农户、对接企业、联合市场的功能。应成为引领农民进入国内外市场的主要经营组织，发挥其提升农民组织化程度的作用。不仅解决了传统农户家庭经营存在规模不经济的缺陷，还通过技术、资金等合作，推动了农户生产的集约化水平。

3. 农民合作社的经营管理模式

当前，我国正处于传统农业向现代农业转型的关键时期，农业生产经营体系创新是推进农业现代化的重要基础，支持农民合作社发展是加快构建新型农业生产经营体系的重点。各地在大力发展农民合作社过程中，不断探索农民合作社经营管理模式，对于加快传统农业向现代农业转变、推进农村现代化和建设新农村起到了重要作用。

（1）竞价销售模式。竞价销售模式一般采取登记数量、评定质量、拟定基价、投标评标、结算资金等方法进行招标管理，农户提前一天到合作社登记次日采摘量，由合作社统计后张榜公布，组织客商竞标。竞标后由合作社组织专人收购、打包、装车，客商与合作社进行统一结算，合作社在竞标价的基础上每斤加收一定的管理费，社员再与合作社进行结算。合作社竞价销售模式有效解决了社员"销售难、增收难"问题。案例：福建建瓯东坤源蔬果专业合作社，通过合作社竞价销售的蔬菜价格，平均每千克比邻近乡村高出 0.3 元左右，每年为社员增加差价收入200 多万元。

（2）资金互助模式。资金互助模式则有效解决了社员结算烦琐、融资困难等问题，目前，福建省很多合作社成立了股金部，开展了资金转账、资金代储、资金互助等服务。规定凡是入市交易的客商在收购农产品时，必须开具合作社统一印制的"收购发票"，货款由合作社与客商统一结算后直接转入股金部，由股金部划入社员个人账户，农户凭股金证和收购发票，两天内就可到股金部领到出售货款。金融互助合作机制的创新实实在在方便了农户，产生了很好的社会效益。其优点在于农户销售农产品不需要直接与客商结算货款，手续简便，提高了工作效率；农户不需要进城存钱，既省路费、时间，又能保障现金安全；农户凭股金证可到合作社农资超市购买化肥、农药等，货款由股金部划账结算，方便农户；一些农民合作社为了解决生产贷款困难，进行了合作社内部信用合作资金互助探索，把社员闲散资金集中起来，坚持"限于成员内部、用于产业发展、吸股不吸储、分红不分息"，引导社员在合作社内部开展资金互助，缓解了合作社发展资本困难。

山东省沂水县开展内部资金互助的合作社已达 50 多家，参与社员农户 3 908 户，入股金额近千万元，累计调剂资金 1 500 多万元，并成立了山东首家经省银监部门批准的农村资金互助合作社，起到很好的调剂互助作用。

（3）股权设置模式。很多合作社属于松散型的结合，利益联结不紧密，尚未形成"一赢俱赢，一损俱损"的利益共同体。可以在实行产品经营的合作社内推行股权设置，即入社社员必须认购股金，一般股本结构要与社员产品交货总量的比例相一致，由社员自由购买股份，但每个社员购买股份的数量不得超过合作组织总股份的20%。其中，股金总额的2/3以上要向生产者配置。社员大会决策时可突破一人一票的限制，而改为按股权数设置，这样有利于合作社的长足发展。

（4）全程辅导模式。当前许多合作社带头人缺乏驾驭市场的能力，有了项目不懂运作，对市场信息缺乏科学分析预测，服务带动能力不强。可以依托农业科研单位、基层农业服务机构、农业大中专院校等部门，开展从创业到管理、运营的全程辅导。以对接科研单位为重点，开展创业辅导，建立政府扶持的农民合作社"全程创业辅导机制"。结合规范化和示范社建设的开展，政府组织有关部门对农民合作社进行资质认证，并出台合作社的资质认证办法，认证一批规模较大、管理规范、运行良好的合作社。在此基础上，依托有关部门和科研单位，建立健全全程辅导机制，进行长期的跟踪服务、定向扶持和有效辅导。

（5）宽松经营模式。要放宽注册登记和经营服务范围的限制，为其创造宽松的发展环境。凡符合合作组织基本标准和要求的，均应注册登记为农民专业合作组织。营利性合作组织的登记、发照由工商部门办理，非营利性的各类专业协会等的登记、发照和年检由民政部门办理；凡国家没有禁止或限制性规定的经营服务范围，农民合作社均可根据自身条件自主选择。同时，积极创办高级合作经济组织，在省、市、县一级创办农业协会，下设专业联合会，乡镇一级设分会，对农业生产经营实施行业指导，建立新型合作组织的行业体系。

（6）土地股份合作模式。围绕转变农业发展方式，建立与现代农业发展相适应的农业经营机制和土地流转机制，积极探索发展农村土地股份合作社。

山东青州市何官镇小王村，2009年成立了土地股份合作社，农户以承包土地入股，每亩土地的承包经营权为一股，每股年可获得463kg小麦股利的固定收入（按每年6月20日小麦价格对付现金），年底按比例提取10％公积金、5％公益金之后，再按股份进行二次分红。2010年每股分红170元，2011年每股分红480元，2012年每股分红1100元；相比2009年，2012年小王村农民人均收入翻了一番。

农业发展由主要依靠资源消耗型向资源节约型、环境友好型转变，由单纯追求数量增长向质量效益增长转变，凸显了农民专业合作组织在推广先进农业科技、培养新型农民、提高农业组织化程度和集约化经营水平的重要载体作用。推进农民合作社经营以及管理模式的创新，并以崭新适用的模式辐射推广，必会推进农民合作社的长足发展，而这些也都需要我们根据实情不断地探索，并在实践中不断地完善。

（四）农业龙头企业

1. 农业产业化龙头企业的定义

它是指以农产品加工或流通为主，通过各种利益联结机制与农户相联系，带动农户进入市场，使农产品生产、加工、销售有机结合、相互促进，在规模和经营指标上达到规定标准并经政府有关部门认定依法设立的企业。

农业产业化龙头企业是各级政府对农产品加工或流通行业中的大型企业的一种等级评定，龙头企业是我们国家重点扶持的企业，是行业中的标杆企业，国家每年的投入资金会相应的进入到这些企业中来。

2. 农业龙头企业的功能

它是先进生产要素的集成，具有资金技术人才设备等方面的比较优势，通过订单合同、合作等方式带动农户进入市场，实行产加销、贸工农一体化的农产品加工或流通企业。和其他新型农业经营主体相比，龙头企业具有雄厚的经济实力，先进的生产技术和现代化的经营管理人才，能够与现代化大市场直接对接。应主要在产业链中更多承担农产品加工和市场营销的作用，并为农户提供产前、产中、产后的各类生产性服务，加强技术指导和试验示范。

3. 农产品加工科技创新与推广

（1）充分认识农产品加工科技创新的重大意义。实施创新驱动发展战略是党中央作出的重大战略部署，习近平总书记指出"实施创新驱动发展战略，最根本的是要增强自主创新能力，最紧迫的是要破除体制机制障碍，最大限度地解放和激发科技作为第一生产力所蕴藏的巨大潜能。"当前，我国农产品加工业正从快速增长阶段向质量提升和平稳发展阶段转变，加快实施创新驱动发展战略，是新常态下发展农产品加工业的必然选择，对增强市场竞争力、推动产业转型发展、保障食物安全和有效供给具有重要意义和积极作用。但是我国农产品加工科技创新能力总体不高，科技资源配置不合理、人才队伍素质不高、体制机制不活、科技成果转化率低等仍然是制约科技进步的关键问题。各级农产品加工业管理部门要把思想统一到中央的决策部署上来，牢固树立科技是第一生产力、人才是第一资本、创新是第一竞争力的理念，紧紧抓住国家实施创新驱动发展战略的重大机遇，以农产品加工业科技创新与推广为核心，促进科技创新与经济发展紧密结合，不断激发科技创新主体的积极性和主动性，力争在重大关键技术装备创新推广转化上取得新突破，在体制机制创新和人才队伍建设上取得新进展，在自主创新能力建设上取得新提升，为推动农产品加工业持续稳定健康发展提供坚强的科技和人才支撑。

（2）不断增强农产品加工重大共性关键技术创新能力。加强重大共性关键技术创新，是提升我国农产品加工业整体发展水平的有效途径。要紧紧把握国家科技体制改革的重大机遇，坚持问题导向，瞄准国际前沿和行业重大共性关键问题，积极争取国家重大创新项目，按照全链条设计、一体化推进，统筹各环节之间、产业链上下游之间协同互动创新，在精深加工、副产物综合利用及节能减排等基础理论和重大共性技术装备上实现重大突破。加强企业技术需求征集，组织科研单位、大专院校与企业协同攻关，提高科技创新的针对性和时效性。进一步强化企业创新主体地位，全面落实企业技术开发费用所得税前扣除、技术改造国产设备投资抵免所得税和企业技术创新、引进、推广资金等扶持政策，鼓励企业增加创新投入，激发企业创新活力，在科技创新基础上，全面推进管理创新、产品创新和市场模式创新。坚持引进来与走出去相结合，用好国际国内两种创新资源、两个科技市场，加强国外先进技术引进吸收消化再创新，不断提高自主创新能力。

（3）加快提升农产品产地初加工技术装备水平。农产品初加工是现代农业的重要内容，是农产品加工业的关键环节。加强初加工技术创新，有利于农产品产后减损、提质增效和质量安全。要加强粮食、果蔬等大宗农产品烘干贮藏保鲜共性关键技术创新和推广，开发新型农产品初加工设施装备，不断降低农产品产后损失水平。要以实施农产品产地初加工补助政策为重点，充分利用农机购置补贴等强农惠农富农政策，加强农产品分级、清洗、打蜡、包装、贮藏、运输等环节技术、工艺和设施集成配套，实现"一库多用、一窖多用、一房多用"目标。加强适用技术先行先试，熟化推广一批特色农产品加工技术，提高特色农产品加工水平。

（4）积极引导传统食品和主食加工技术传承创新。传统食品是中华民族智慧的结晶，是中华饮食文化的物质载体。要以深入开展主食加工业提升行动为切入点，坚持传承和保护相结合，创新和发展相结合，以开发营养、安全、美味、健康、便捷、实惠的传统食品为目标，研发推广一批先进技术装备，推进传统食品和主食加工标准化规模化生产。要加强农产品营养健康等多功能开发，赋予传统食品和主食新的功能，开发适应不同消费群体、不同消费需求的产品，不断提高传统食品和主食的市场占有率。要积极引导传统食品和主食加工企业加强技术改造和产业升级，培育一批创新驱动型品牌企业。

（5）大力促进农产品加工科技成果转化推广应用。科技成果推广是科技向生产力转化的关键环节，是培育新产业、新业态和新主体的有效途径。要坚持成熟技术筛选、技术配套集成与推广一体化设计、产业化推进，开展成熟技术筛选推广，发布行业重大科技成果，培育科企合作先进典型，引导科研更好地为产业服务。要加强科技成果推广转化平台建设，在办好全国农产品加工科技创新与推广活动和区域性科企对接活动基础上，加快推进互联网与科技成果转化结合，探索建立线上线下紧密结合的科技成果转化电子商务平台，集中展示最新技术、工艺、装备和产品，为科研单位和加工企业更广泛对接创造良好的条件，有条件的地区要积极建立农产品加工科技成果转化交易中心。全面落实国家科技成果转化扶持政策，完善科技成果转化和收益分配机制，不断激发和调动企业、科研院校的创新积极性，推动科技成果高效转化应用。

（6）努力推进标准化进程和品牌培育。质量是企业的生命，品牌是企业信誉和综合实力的凝结。推进农产品加工业转型升级发展，必须要加强质量、标准和品牌建设。进一步完善农产品加工标准体系，要坚持科技创新与标准化建设相结合，同步推进科技创新、标准研制和产业发展，加强农产品初加工、精深加工和综合利用标准的制修订，更好地发挥标准促进产业发展的重要作用。进一步强化企业在标准创制应用中的重要地位，支持企业参与重要技术标准研制，鼓励企业采用先进标准，把标准化管理贯彻到生产经营的全过程，以标准促进企业管理水平提升。要积极实施农产品加工品牌战略，更好地发挥农产品加工品牌对提升市场竞争力、引领消费导向和农业增效农民增收的重要支撑作用。要按照标准化生产、产业化经营、品牌化营销原则，坚持"产""管"并举，加快培育一批特色突出、类型多样、核心竞争力强、影响范围广的农产品加工品牌，带动农产品加工产业链、价值链、供给链全面提升。要加强农产品加工品牌推广，建立健全品牌保护机制，加大监管、保护和宣传、推介力度，挖掘利用好地方的历史、文化、旅游等资源，把地方特色文化注入品牌建设中，提升品牌的文化品位，扩大农产品加工品牌影响力和传播力，提高品牌市场占有率。

（7）继续完善农产品加工科技创新体系。农产品加工科技创新体系是实施科技创新驱动发展战略的重要支撑，是推进科技创新与转化应用的主体力量。进一步加强国家农产品加工技术研发体系建设，吸纳更多的创新主体和力量，实现跨部门、跨领域、跨专业、跨行业的大联合、大协作、大创新。要加强重大关键技术难题攻关，聚焦重点加工领域和核心环节，组织开展具有战略性、前瞻性和基础性研究，大力促进原始创新、集成创新、引进消化吸收再创新。要进一步完善科企合作机制，整合研发体系内企业、科研单位和大专院校优势，构建开放共享互动的创新平台，建立企业主导、产学研一体的技术创新推广联盟，促进科技创新和成果转化同步推进。进一步加强技术集成基地建设，加大资金投入，完善基础设施条件，努力把技术集成基地建成新技术、新产品、新工艺的孵化器。加强地方农产品加工科技创新体系建设，加强政策支持和项目扶持，组织开展技术推广服务，推进科研单位与加工企业合作，加快培育一批科技创新小巨人。

（8）进一步加强农产品加工创新人才队伍建设。人才是创新的关键，是实施国家创新驱动发展战略，推动大众创业、万众创新的重要保障。要牢固树立人才是第一创新要素理念，坚持创新与人才培养同步推进，通过科技创新活动凝聚人才和培养人才。要进一步完善竞争激励机制，健全人才评价制度，最大限度地激发广大科技人员的创造精神和创新热情，加快培育一批科技创新人才。要重视企业家队伍建设，特别要加强中小微加工企业和西部地区企业经营管理者培训，强化责任意识、诚信意识和创新意识培养，提高经营管理能力和创新创业能力。加强职业技能人才队伍建设，围绕农产品加工各领域、各环节，通过校企合作等方式，加快培养一批技术骨干和生产能手。加强各级农产品加工业管理部门人员政策理论和业务知识培训，提高指导工作和服务发展的能力。

第三节　新型农业经营主体间的联系与区别

一、新型农业经营主体之间的联系

专业大户、家庭农场、农民合作社和农业龙头企业是新型农业经营体系的骨干力量，是在坚持以家庭承包经营为基础上的创新，是现代农业建设，保障国家粮食安全和重要农产品有效供给的重要主体。随着农民进城落户步伐加快及土地流转速度加快、流转面积的增加，专业大户和家庭农场有很大的发展空间，或将成为职业农民的中坚力量，将形成以种养大户和家庭农场为基础，以农民合作社、龙头企业和各类经营性服务组织为支持，多种生产经营组织共同协作、相互融合，具有中国特色的新型经营体系，推动传统农业向现代农业转变。

专业大户、家庭农场、农民合作社和农业龙头企业，他们之间在利益联结等方面有着密切的联系，紧密程度视利益链的长短，形式多样。例如，专业大户、家庭农场为了扩大种植影响，增强市场上的话语权，牵头组建"农民合作社+专业大户+农户；农民合作社+家庭农场+专业大户+农户"等形式的合作社，这种形式在各地都占有很大比例，甚至在一些地区已成为合作社的主要形式；农业龙头企业为了保障有稳定的、质优价廉原料供应，组建"龙头企业+家庭农场+农户"、"龙头企业+家庭农场+专业大户+农户"、"龙头企业+合作社+家庭农场+专业大户+农户"等形式的农民合作社。但是他们之间也有不同之处。

二、新型农业经营主体之间的区别

新型农业经营主体主要指标，见下表。

表 新型农业经营主体主要指标对照

类型	领办人身份	雇工	其他
种养大户	没有限制	没有限制	规模要求
家庭农场	农民（有的地方+其他长期从事农业生产的人员）	雇工不超过家庭劳力数	规模要求、收入要求
农民合作社	执行与合作社有关的公务人员不能担任理事长；具有管理公共事务的单位不能加入合作社	没有限制	5人以上，农民占80%；团体社员20人以下的1个；超过的5%
农业企业	没有要求	没有限制	注册资金要求

1. 专业大户

最初的专业大户都是农民身份，但是近年来随着土地流转速度的加快，外地农民和非农户籍人员承包租赁土地，形成规模经营，成为种养专业大户。目前，各地对专业大户的身份没有明确的要求，农业部门进行种养专业大户的认定，享受相关的优惠政策和扶持政策。

2. 家庭农场

以农民身份为主，有的地方要求家庭农场经营者可以是长期从事农业生产的人员；劳动力要以家庭成员为主，无常年雇工或常年雇工数量不超过家庭务农人员数量（常年雇工是指在家庭农场受雇期限年均 9 个月以上或按年计酬的雇工）；家庭农场以农业收入为主；农场用地应是依法承包或者依法流转相对稳定的土地。流转的土地必须具有规范的土地流转合同，流转期限原则上不低于 5 年，最高不超过农村土地二轮承包剩余期限；一年一熟的地区经营规模达到 100 亩以上，一年两熟的 50 亩以上；有生产经营记录，有财务收支记录；产品达到相应的质量安全标准，商品率达到 90% 以上。

家庭农场由所在地农业行政主管部门负责认定备案，开展示范农场的评定。工商管理部门登记注册，取得相应的个体工商户、个人独资企业等市场主体资格。享受相关的优惠政策和扶持政策。

3. 农民合作社

除了具有管理公共事务职能的公务员、事业单位人员外都能成立农民合作社。成立农民专业合作社应有 5 名以上符合本法的成员；有符合本法规定的章程；有符合本法规定的组织机构；有符合法律、行政法规规定的名称和章程确定的住所；有符合章程规定的成员出资。

成立农民合作社依据《农民专业合作社法》和《农民专业合作社登记管理条例》在工商管理部门注册登记取得市场主体资格，并在农业部门进行备案。

目前，部、省、市、县四级都开展了示范社建设活动，建立了示范社名录，《农民专业合作社法》规定了具体的扶持农民专业合作社事项，合作社享受农业示范项目、财政扶持资金扶持，享受税收、银行贷款等方面的受惠政策。

4. 农业龙头企业

对领办人身份没有明确要求，以农产品加工或流通为主业、具有独立注入资格的企业符合《中华人民共和国公司法》《中华人民共和国企业法》等相关法律规定，在工商管理部门依法注册登记为公司，其他形式的国有、集体、私营企业以及中外合资经营、中外合作经营、外商独资企业。

目前，部、省、市、县4级都有农业龙头企业评审标准，享受财政资金与项目扶持和各项优惠政策。

第四节　大力培育新型农业经营主体

走中国特色的农业现代化道路，确保中国主要农产品的有效供给和粮食安全，增加务农劳动者的收入和增进他们的福祉，就要在稳定农户家庭承包经营的基础上，培育和发展农业新型经营主体。近日，中央审议通过了《关于引导农村土地经营权有序流转发展农业适度规模经营的意见》，明确提出了加快培育新型农业经营主体的要求。

一、家庭承包经营制度需要进一步稳定完善

中国农村改革的核心任务就是坚持家庭承包经营制度。这项改革把农户确立为农业经营的主体，赋予农民长期而有保障的土地使用权和经营自主权，极大地调动了几亿农民的生产积极性。由农业的特性所决定，家庭经营始终是农业生产的基础和主体，这已为中外农业发展的实践所证明。从实践上看，家庭经营加上社会化服务，能够容纳不同水平的农业生产力，既适应传统农业，也适应现代农业，具有广泛的适应性和旺盛的生命力，不存

在生产力水平提高以后就要改变家庭承包经营的问题。在工业化、城镇化、信息化和农业现代化的四化同步发展形势下，家庭承包经营也面临新的挑战。根据第二次全国农业普查的数据计算，平均每个农业生产经营户只能经营9.1亩耕地，每个农业从业人员只能经营5.2亩耕地，这样，如果扣除物质成本后每亩耕地一年的净收益按500元计算，一个农业从业人员一年的纯收入也就2 500元，还不如在外打一个月工的收入。显然，这样小规模的经营农户无法实现农业增效和农民增收的目的，也无法确保中国的粮食安全和使农民从事的农业经营成为体面和受人尊敬的职业。家庭经营不等同于小规模经营。中国农业生产要再上新台阶，必须在稳定家庭承包经营的基础上适度扩大经营规模，大力培育新型农业经营主体，在保持和提高土地产出率的基础上提高农业的超越于劳动者个人需要的劳动生产率，走出一条中国特色的农业现代化之路。

二、在家庭经营基础上培育新型农业经营主体

中国农村地域辽阔，自然条件千差万别，经济发展水平参差不齐，这就决定了中国的新型农业经营主体也必然呈现出多元化、混合型的发展格局，专业大户、家庭农场、农民专业合作社、农业龙头企业及各类社会化服务组织等都是新型农业经营主体的有机组成部分，但各类新型经营主体或是从家庭经营的基础上发展起来的，或是与家庭经营的农户有着千丝万缕的联系。中国农村现有2亿多小农户，同时，还有近2.7亿的农村劳动力已转移到非农领域，从事非农产业。他们赖以生存的主要生产资料不是土地。这就有条件在依法、自愿和有偿的前提下，一部分种田能手将那些离土离农的农村人口承包土地的经营权流转过来，扩大经营规模，实现适度规模经营，打造家庭经营的升级版。当前以家庭成员为主要劳动力、以农业为主要收入来源，从事专业

化、集约化农业生产的家庭农场正在兴起，现在全国已发展到87 万家，平均规模达到200 亩。可以预见，家庭农场在将来会有进一步的发展。

在土地流转工作的推进下，一批以土地流转为发展基础的农民土地股份合作社纷纷成立，这种探索在土地确权到户的基础上，将农户的承包土地折股量化，农民以承包地入股组建合作社，通过自营或委托经营等方式发展农业规模经营，经营所得收益按股分配。这种组织形式让合作社自身成为具有一定规模的从事农业生产的农业企业，从而使农户成为企业的主人（所有者），既实现了农业的规模经营，促进了现代农业的发展；又避免了工商资本进入农业、大规模租赁农户承包地可能产生的负面影响。这是中国特色农业现代化道路的一种值得注意的、有可能具有导向性和示范性的模式。

近年来，在农村家庭承包经营基础上，同类农产品的生产经营者或者同类农业生产经营服务的提供者、利用者，自愿联合起来，遵循民主管理的原则，成立了多种类型的农民专业合作社。目前，全国登记的农民专业合作社已达到103.88 万家，7 829万农户入社，带动农户已经达到全国农户的30.1%。农民合作社正在成为引领农民参与国内外市场竞争的现代农业经营组织，带动农户进入市场的基本主体。农民专业合作社与农村社区集体经济组织、各种农业社会化服务组织以及农业龙头企业一起，构成了农业生产多元化、多层次、多形式的经营服务体系，为家庭经营提供了全方位的服务，夯实了农业基本经营制度的基础，确保了我国的粮食安全。

三、辩证地看待工商资本进入农业问题

在中国由传统农业向现代农业转化的进程中，在农户家庭承包经营的基础上，工商资本或社会资本进入农业的产前领域（提

供农业投入品），产中领域（提供农业技术服务）以及产后的流通及加工领域一直受到鼓励和提倡，农业产业化经营中的"公司（企业）加农户"、"公司（企业）加基地加农户"、"订单农业"等模式就反映了这方面的实践探索。长期以来，在农业现代化道路与经营模式的选择上，争论焦点是如何看待工商资本进入农业的生产过程，大面积租赁农户的承包地，直接经营农业的现象。党的十八届三中全会《决定》提出："鼓励和引导工商资本到农村发展适合企业化经营的现代种养业，向农业输入现代生产要素和经营模式"，《决定》为工商资本进入农业提供了明确的政策导向。

工商资本直接经营种养业首先要处理好与广大小农户之间的利益关系。发展现代农业不能忽视经营自家承包耕地的普通农户仍占大多数的基本农情，工商资本要带动农民发展现代农业，不是代替农民发展现代农业；对农民要形成带动效应，而不是形成挤出效应。工商资本主要是进入农户家庭和农民合作社干不了或干不好的农业生产环节和产业发展的薄弱环节，如发展良种种苗繁育、高标准设施农业、规模化养殖和开发农村"四荒"资源等适合企业化经营的种养业，并注意和农户结成紧密的利益共同体，确保以农户家庭为主体推进现代农业发展。

要抑制工商资本进入农业的负面影响，防止可能出现的非农化、非粮化倾向。第一要建立严格的准入制度，各地对工商企业长时间、大面积租赁农户承包耕地要有明确的上限控制，要按面积实行分级备案，建立健全资格审查和项目审核制度。第二要建立动态监管制度，有关部门要定期对租赁土地企业的农业经营能力、土地用途和风险防范能力等开展监督检查，查验土地利用、合同履行等情况，及时查处纠正浪费农地资源、改变农地用途等违法违规行为。第三要加强事后监管，建立风险保障金制度，防止损害农民土地权益，防范承包农户因流入方违约或经营不善而遭受损失。

大规模的市场化、商品化农业的发展需要延长农业产业链、促进一、二、三产业的有机融合，这就涉及非农建设用地的指标问题，工商资本及其他农业新型经营主体进入农业后的合理诉求应该得到满足。2014年中共中央一号文件提出："在国家年度建设用地指标中单列一定比例专门用于新型农业经营主体建设配套辅助设施"，这方面的政策有待地方政府的落实。关于工商资本直接进入农业生产领域大面积租赁农户承包地的经营活动，要规范经营者的行为，保护其合法权益。但由中国人多地少的国情决定，这种模式不应该成为农地经营模式的主流。

在中国农业和农村未来的发展中，要坚持家庭经营在农业中的基础性地位，推进多种形式的农业经营方式创新，大力培育和扶持多元化新型农业经营主体，发展农业适度规模经营，走出一条有中国特色的农业现代化道路。

第五节 优化新型农业经营主体政策环境

（一）优化新型农业经营主体政策

2013年，中共中央"一号文件"《中共中央国务院关于加快发展现代农业进一步增强农村发展活力的若干意见》中，对专业大户、家庭农场、农民专业合作社和农业龙头企业这四种经营主体，都明确了具体的扶持政策。

1. 按照规模化、专业化、标准化发展要求，引导农户采用先进适用技术和现代生产要素，加快转变农业生产经营方式

创造良好的政策和法律环境，采取奖励补助等多种办法，扶持联户经营、专业大户、家庭农场。大力培育新型职业农民和农村实用人才，着力加强农业职业教育和职业培训。充分利用各类培训资源，加大专业大户、家庭农场经营者培训力度，提高他们

的生产技能和经营管理水平。制定专门计划，对符合条件的中高等学校毕业生、退役军人、返乡农民工务农创业给予补助和贷款支持。

2. 大力支持发展多种形式的新型农民合作组织

农民合作社是带动农户进入市场的基本主体，是发展农村集体经济的新型实体，是创新农村社会管理的有效载体。按照积极发展、逐步规范、强化扶持、提升素质的要求，加大力度、加快步伐发展农民合作社，切实提高引领带动能力和市场竞争能力。鼓励农民兴办专业合作和股份合作等多元化、多类型合作社。实行部门联合评定示范社机制，分级建立示范社名录，把示范社作为政策扶持重点。安排部分财政投资项目直接投向符合条件的合作社，引导国家补助项目形成的资产移交合作社管护，指导合作社建立健全项目资产管护机制。增加农民合作社发展资金，支持合作社改善生产经营条件、增强发展能力。逐步扩大农村土地整理、农业综合开发、农田水利建设、农技推广等涉农项目由合作社承担的规模。对示范社建设鲜活农产品仓储物流设施、兴办农产品加工业给予补助。在信用评定基础上对示范社开展联合授信，有条件的地方予以贷款贴息，规范合作社开展信用合作。完善合作社税收优惠政策，把合作社纳入国民经济统计并作为单独纳税主体列入税务登记，做好合作社发票领用等工作。创新适合合作社生产经营特点的保险产品和服务。建立合作社带头人人才库和培训基地，广泛开展合作社带头人、经营管理人员和辅导员培训，引导高校毕业生到合作社工作。落实设施农用地政策，合作社生产设施用地和附属设施用地按农用地管理。引导农民合作社以产品和产业为纽带开展合作与联合，积极探索合作社联社登记管理办法。

3. 培育壮大龙头企业

支持龙头企业通过兼并、重组、收购、控股等方式组建大型企业集团。创建农业产业化示范基地，促进龙头企业集群发展。推动龙头企业与农户建立紧密型利益联结机制，采取保底收购、股份分红、利润返还等方式，让农户更多分享加工销售收益。鼓励和引导城市工商资本到农村发展适合企业化经营的种养业。增加扶持农业产业化资金，支持龙头企业建设原料基地、节能减排、培育品牌。逐步扩大农产品加工增值税进项税额核定扣除试点行业范围。适当扩大农产品产地初加工补助项目试点范围。

（二）创造新型农业经营主体发展的制度

培育新型农业经营主体，要坚持农村基本经营制度和家庭经营主体地位，以承包农户为基础，以家庭农场为核心，以农民合作社为骨干，以龙头企业为引领，以农业社会化服务组织为支撑，加强指导、规范、扶持、服务，推进农业生产要素向新型农业经营主体优化配置，创造新型农业经营主体发展的制度环境。

（1）要改革农村土地管理制度。进一步明晰土地产权，将经营权从承包经营权中分离出来，通过修改相关法律，推进所有权、承包权和经营权"三权分离"。推进土地承包权确权，放活土地权利，加快建立土地经营权流转有形市场，规范土地流转合同管理，强化土地流转契约执行，消除土地流转中的诸多不确定性，让流入土地的家庭农场具有稳定的预期。

（2）创新农村金融制度。培育和引入各类新型农村金融机构，打破由一家或两家金融机构垄断农村资金市场的局面，允许农民合作社开展信用合作，为家庭农场提供资金支持，形成多元主体、良性竞争的市场格局。扩展有效担保抵押物范围，建立健全金融机构风险分散机制，将家庭农场的土地经营权、农房、土地附属设施、大型农机具、仓单等纳入担保抵押物范围。

（3）加大财政支持力度。新增补贴资金向新型农业经营主体倾斜，对达到一定规模或条件的家庭农场、农民合作社和龙头企业，在新增补贴资金中给予优先补贴或奖励，以鼓励规模经营的发展；对新型主体流入土地、开展质量安全认证等给予一定补助，促进规模化、标准化生产。加大对新型主体培训的支持力度。加强对规模经营农户、家庭农场主、农民合作社负责人和经营管理人员、龙头企业负责人和经营管理人员以及技术人员的培训，以提高生产经营的质量和水平。

（4）应完善农业保险制度。积极创设针对当地特点的财政支持下的政策性农业保险品种，尤其是蔬菜、水果等风险系数较高的作物，并建立各级财政共同投入机制。建立政府支持的农业巨灾风险补偿基金，加大农业保险保费补贴标准，提高农业保险保额，减少新型农业经营主体发展生产面临的自然风险。试点新型农业经营主体种粮目标收益保险，在种粮大户和粮食合作社中，试点粮食产量指数保险、粮食价格指数保险和种粮目标收益保险，通过指数保险的方式保障农民种粮收益，促进粮食生产。

（5）应加强农业社会化服务。引导公共服务机构转变职能，逐步从经营性领域退出，主要在具有较强公益性、外部性、基础性的领域开展服务。重点加强经营性服务主体建设，培育农资经销企业、农机服务队、农技服务公司、龙头企业、专业合作社等多元主体，拓展服务范围，重点加强农产品加工、销售、储藏、包装、信息、金融等服务。创新服务模式和服务方式，引导建立行业协会等自律组织，促进家庭农场与各类组织深度融合，开展形式多样、内容丰富的社会化服务。

第四章　国家、地方相关扶持措施和政策

第一节　构建扶持新型农业经营主体制度体系

由于目前对新型农业经营主体的扶持尚处于探索期，措施之间的联动性尚不明显。因此，以创新的理念构建扶持新型农业经营主体的制度体系十分必要，这个制度体系应该包括政策支持、财政支持、社会支持等诸多方面，应该体现全面、实用、良性互动的特质，唯如此，才能使扶持新型农业经营主体成为稳定、持续和长效的制度体系。

制定好政策是构建扶持新型农业经营主体制度体系的先决条件。新型农业经营主体，包括种养大户、家庭农场、农民专业合作社、农业企业等，代表着我国未来农业经营的方向，其重要意义有二：一是未来经营农业特别是种粮的主体力量，要用其来解决未来谁来种地的问题；二是建设现代农业的主体力量，能解决传统农业向现代农业转型的问题。目前，我国已经出台了一些扶持新型农业经营主体的政策。2014 年 2 月，农业部下发了关于《关于促进家庭农场发展的指导意见》。安徽、浙江、重庆等 9 个省（市）也下发了指导家庭农场发展的文件，一些县市成立了新型农业经营主体指导服务中心、新型农业经营主体培育发展联席会议制度等相应的扶持服务机构。国家层面已经有了针对新型农业经营主体的框架性政策，但有些环节还需要细化，包括出台专门针对家庭农场、种养大户的扶持政策，明确新型农业经营主

体的概念和内涵、认定标准、发展目标、推进措施等。

财政支持是构建扶持新型农业经营主体制度体系的保障前提。当然，此处的财政是"大财政"的概念，既包括财政补贴、项目资金安排等"纯财政"内容，也包括了金融、保险、税收等广义的"钱的概念"。既然是钱的概念，就必须要清清楚楚，比如财政支持新型农业经营主体，支持多少？支持在什么环节？对不同类型、不同规模的新型主体应该如何区别对待？新增农业补贴要向专业大户、家庭农场和农民合作社倾斜，怎么倾斜？倾斜多少等？这些都有待于进一步细化。2014年2月，中国人民银行下发了《关于做好家庭农场等新型农业经营主体金融服务的指导意见》，在金融扶持新型农业经营主体的细化和落实上做了有益的尝试。各部门和各地类似的做法还应该更多。

农业社会化服务体系是构建扶持新型农业经营主体制度体系不可或缺的重要组成部分，各相关部门应该把自己业务范围内对新型农业经营主体的服务行动，融入到大的农业社会化服务体系之中，以形成合力。狭义的农业服务体系一般指的是常规农业生产的常规服务，如农机作业服务、病虫害统防统治、水利服务等。此外，也有相关部门根据本部门的特点，发挥自己部门的优势，为新型农业经营主体专门设计了有针对性的服务行动，如中国气象局与农业部合作推出的面向新型农业经营主体的气象服务行动，科技部推出的科技特派员联合新型农业经营主体而进行的科技创业活动。这些服务对扶持新型农业经营主体的发展，都起到了很好的促进作用，下一步，这些服务更加需要建立一种有机联系，更加需要融合，以把服务的效果最大化。

新型农业经营主体，是随着我国农业经济发展和社会进步而逐步形成的新生事物。截至2012年年底，我国经营面积在50亩以上的农户超过287万户，家庭农场超过87万个。截至目前，全国约1/4的承包地主要流转到种粮大户和家庭农场等新型农业经营主体手里。同时也正因其新，对其服务也是一个新课题，在扶持服务的基础上形成一个完整的制度体系更是新上加新的新课题。但这是一个方向，只有建立起了一个完善的制度体系，才能从根本上保障对新型农业经营主体的服务，才能从根本上保证我国农业经济能够朝着健康、稳定、增量、高效的方向发展。

2014 年，中央财政安排专项资金 39.1 亿元，支持开展抗灾保春管、促春播工作，农业部、财政部已经将冬小麦"一喷三防"、农作物重大病虫害统防统治等 4 项政策的指导意见和通知下发，与往年相比，今年春耕生产补助政策的特点之一就是补助对象明确向新型农业经营主体和社会化服务组织倾斜。与此同时，各相关部门以及各级地方政府也已经逐步开展起了针对新型农业经营主体的服务，全社会对新型农业经营主体的服务氛围已经开始形成。

第二节　国家专项优惠政策

一、2015 年国家深化农村改革、支持粮食生产、促进农民增收出台的政策措施

（1）种粮直补政策。中央财政将继续实行种粮农民直接补贴，补贴资金原则上要求发放给从事粮食生产的农民，具体由各省级人民政府根据实际情况确定。2014 年 1 月，中央财政已向各省（区、市）预拨 2015 年种粮直补资金 151 亿元。

（2）农资综合补贴政策。2015 年 1 月，中央财政已向各省（区、市）预拨种农资综合补贴资金 1 071亿元。

（3）良种补贴政策。小麦、玉米、大豆、油菜、青稞每亩补贴 10 元。其中，新疆地区的小麦良种补贴 15 元；水稻、棉花每亩补贴 15 元；马铃薯一、二级种薯每亩补贴 100 元；花生良

种繁育每亩补贴 50 元、大田生产每亩补贴 10 元。

（4）农机购置补贴政策。中央财政农机购置补贴资金实行定额补贴，即同一种类、同一档次农业机械在省域内实行统一的补贴标准。

（5）农机报废更新补贴试点政策。农机报废更新补贴标准按报废拖拉机、联合收割机的机型和类别确定，拖拉机根据马力段的不同补贴额从 500 元到 1.1 万元不等，联合收割机根据喂入量（或收割行数）的不同分为 3 000 元到 1.8 万元不等。

（6）新增补贴向粮食等重要农产品、新型农业经营主体、主产区倾斜政策。国家将加大对专业大户、家庭农场和农民合作社等新型农业经营主体的支持力度，实行新增补贴向专业大户、家庭农场和农民合作社倾斜政策。

（7）提高小麦、水稻最低收购价政策。2014 年生产的小麦（三等）最低收购价提高到每 50kg 118 元，比 2013 年提高 6 元，提价幅度为 5.4%；2014 年生产的早籼稻（三等，下同）、中晚籼稻和粳稻最低收购价格分别提高到每 50kg 135 元、138 元和 155 元，比 2013 年分别提高 3 元、3 元和 5 元，提价幅度分别为 2.3%、2.2% 和 3.3%。2015 年，继续执玉米、油菜子、食糖临时收储政策。

（8）产粮（油）大县奖励政策。常规产粮大县奖励标准为 500 万~8 000 万元，奖励资金作为一般性转移支付，由县级人民政府统筹使用，超级产粮大县奖励资金用于扶持粮食生产和产业发展。在奖励产粮大县的同时，中央财政对 13 个粮食主产区的前 5 位超级产粮大省给予重点奖励，其余给予适当奖励，奖励资金由省级财政用于支持本省粮食生产和产业发展。油菜子增加奖励系数 20%，大豆已纳入产粮大县奖励的继续予以奖励；入围县享受奖励资金不得低于 100 万元，奖励资金全部用于扶持油料生产和产业发展。

（9）生猪大县奖励政策。依据生猪调出量、出栏量和存栏量权重分别为 50%、25%、25% 进行测算。中央财政继续实施生猪调出大县奖励。

（10）农产品目标价格政策。2015 年，启动东北和内蒙古大豆、新疆棉花目标价格补贴试点，探索粮食、生猪等农产品目标价格保险试点，开展粮食生产规模经营主体营销贷款试点。

（11）农业防灾减灾稳产增产关键技术补助政策。中央财政安排农业防灾减灾稳产增产关键技术补助 60.5 亿元，在主产省实现了小麦"一喷三防"全覆盖。

（12）深入推进粮棉油糖高产创建支持政策。2013 年，中央财政安排专项资金 20 亿元，在全国建设 12 500 个万亩示范片，并选择 5 个市（地）、81 个县（市）、600 个乡（镇）开展整建制推进高产创建试点。2015 年，国家将继续安排 20 亿元专项资金支持粮棉油糖高产创建和整建制推进试点，并在此基础上开展粮食增产模式攻关，集成推广区域性、标准化高产高效技术模式，辐射带动区域均衡增产。

（13）园艺作物标准园创建支持政策。2015 年，继续推进园艺作物标准园创建工作，并已按照 2013 年资金规模的 70% 拨付地方。

（14）测土配方施肥补助政策。2015 年，中央财政安排测土配方施肥专项资金 7 亿元。2015 年，农作物测土配方施肥技术推广面积达到 14 亿亩；粮食作物配方施肥面积达到 7 亿亩以上；免费为 1.9 亿农户提供测土配方施肥指导服务，力争实现示范区亩均节本增效 30 元以上。

（15）土壤有机质提升补助政策。2015 年，中央财政安排专项资金 8 亿元，继续在适宜地区推广秸秆还田腐熟技术、绿肥种植技术和大豆接种根瘤菌技术，同时，重点在南方水稻产区开展酸化土壤改良培肥综合技术推广，在北方粮食产区开展增施有机肥、盐碱地严重地区开展土壤改良培肥综合技术推广。

（16）做大做强育繁推一体化种子企业支持政策。农业部将会同有关部委继续加大政策扶持力度，推进育繁推一体化企业做大做强。一是强化项目支持；二是推动科技资源向企业流动；三是优化种业发展环境。

（17）农产品追溯体系建设支持政策。经国家发改委批准，农产品质量安全追溯体系建设正式纳入《全国农产品质量安全检验检测体系建设规划（2011—2015 年）》，总投资 4 985 万元，专项用于国家农产品质量安全追溯管理信息平台建设和全国农产品质量安全追溯管理信息系统的统一开发。

（18）农业标准化生产支持政策。中央财政继续安排 2 340 万财政资金补助农业标准化实施示范工作，在全国范围内，依托"三园两场"、"三品一标"集中度高的县（区）创建农业标准化示范县 44 个。

（19）畜牧良种补贴政策。生猪良种补贴标准为每头能繁母猪 40 元；奶牛良种补贴标准为荷斯坦牛、娟姗牛、奶水牛每头能繁母牛 30 元，其他品种每头能繁母牛 20 元；肉牛良种补贴标准为每头能繁母牛 10 元；羊良种补贴标准为每只种公羊 800 元；牦牛种公牛补贴标准为每头种公牛 2 000 元。2014 年，国家将继续实施畜牧良种补贴政策。

（20）畜牧标准化规模养殖扶持政策。从 2007 年开始，中央财政每年安排 25 亿元在全国范围内支持生猪标准化规模养殖场（小区）建设；支持资金主要用于养殖场（小区）水电路改造、粪污处理、防疫、挤奶、质量检测等配套设施建设等。2015 年，国家将继续支持畜禽标准化规模养殖。

（21）动物防疫补贴政策。2015 年，中央财政将继续实施动物防疫补助政策。

（22）草原生态保护补助奖励政策。中央财政按照每亩每年

6 元的测算标准对牧民给予补助，初步确定 5 年为一个补助周期；中央财政对未超载的牧民按照每亩每年 1.5 元的测算标准给予草畜平衡奖励；给予牧民生产性补贴，包括畜牧良种补贴、牧草良种补贴（每年每亩 10 元）和每户牧民每年 500 元的生产资料综合补贴。2015 年，国家将继续在 13 省（区）实施草原生态保护补助奖励政策。

（23）振兴奶业支持苜蓿发展政策。中央财政每年安排 3 亿元支持高产优质苜蓿示范片区建设，片区建设以 3 000 亩为一个单元，一次性补贴 180 万元（每亩 600 元），重点用于推行苜蓿良种化、应用标准化生产技术、改善生产条件和加强苜蓿质量管理等方面，2015 年，将继续实施"振兴奶业苜蓿发展行动"。

（24）渔业柴油补贴政策。根据《渔业成品油价格补助专项资金管理暂行办法》规定，渔业油价补助对象包括：符合条件且依法从事国内海洋捕捞、远洋渔业、内陆捕捞及水产养殖并使用机动渔船的渔民和渔业企业。2015 年，将继续实施这项补贴政策。

（25）渔业资源保护补助政策。2013 年落实渔业资源保护与转产转业转移支付项目资金 4 亿元，其中，用于水生生物增殖放流 30 600 万元，海洋牧场示范区建设 9 400 万元。2015 年该项目将继续实施。

（26）以船为家渔民上岸安居工程。2013 年开始，中央对以船为家渔民上岸安居给予补助，无房户、D 级危房户和临时房户户均补助 2 万元，C 级危房户和既有房屋不属于危房，但住房面积狭小户户均补助 7 500 元。2015 年国家将继续实施这一政策。

（27）海洋渔船更新改造补助政策。中央投资按每艘船总投资的 30% 上限补助，且原则上不超过渔船投资补助上限。2015 年该项目将继续实施。

（28）国家现代农业示范区建设支持政策。对农业改革与建设试点示范区给予 1 000 万元左右的奖励。力争国家开发银行、中国农业发展银行今年对示范区建设的贷款余额不低于 300 亿元。

（29）农村改革试验区建设支持政策。2015 年的农村改革试验区工作，以启动第二批农村改革试验区和试验项目、组织召开农村改革试验区工作交流会、完成改革试验项目中期评估三大工作为重点。

（30）农产品产地初加工支持政策。2015 年，将继续组织实施农产品产地初加工补助项目，按照不超过单个设施平均建设造价 30% 的标准实行全国统一定额补助。

（31）鲜活农产品运输绿色通道政策。对目录范围内的鲜活农产品与目录范围外的其他农产品混装，且混装的其他农产品不超过车辆核定载质量或车厢容积 20% 的车辆，比照整车装载鲜活农产品车辆执行，对超限超载幅度不超过 5% 的鲜活农产品运输车辆，比照合法装载车辆执行。

（32）生鲜农产品流通环节税费减免政策。继续对鲜活农产品实施从生产到消费的全环节低税收政策，将免征蔬菜流通环节增值税政策扩大到部分鲜活肉蛋产品。2015 年，国家将继续实行生鲜农产品流通环节税费减免政策。

（33）农村沼气建设政策。2015 年，因地制宜发展户用沼气和规模化沼气。

（34）开展农业资源休养生息试点政策。规划中的农业环境治理措施主要包括：一是开展耕地重金属污染治理；二是开展农业面源污染治理；三是开展地表水过度开发和地下水超采治理；四是开展新一轮退耕还林还草。在 25° 以上陡坡耕地、严重沙化耕地和 15°~25° 重要水源地实行退耕；五是开展农牧交错带已垦草原治理；六是开展东北黑土地保护；七是开展湿地恢复与保护。

（35）开展村庄人居环境整治政策。推进新一轮农村环境连片整治，重点治理农村垃圾和污水。规模化畜禽养殖区和居民生活区的科学分离，引导养殖业规模化发展，支持规模化养殖场畜禽粪污综合治理与利用。引导农民开展秸秆还田和秸秆养畜，支持秸秆能源化利用设施建设。

（36）培育新型职业农民政策。2015 年，农业部将进一步扩大新型职业农民培育试点工作，使试点县规模达到 300 个，新增 200 个试点县，每个县选择 2 ~ 3 个主导产业，重点面向专业大户、家庭农场、农民合作社、农业企业等新型经营主体中的带头人、骨干农民。

（37）基层农技推广体系改革与示范县建设政策。2015 年，中央财政安排基层农技推广体系改革与建设补助项目 26 亿元，基本覆盖全国农业县。

（38）阳光工程政策。2015 年，国家将继续组织实施农村劳动力培训阳光工程，以提升综合素质和生产经营技能为主要目标，对务农农民免费开展专项技术培训、职业技能培训和系统培训。

（39）培养农村实用人才政策。2015 年，依托培训基地举办 117 期示范培训班，通过专家讲课、参观考察、经验交流等方式，培训 8 700 名农村基层组织负责人、农民专业合作社负责人和 3 000 名大学生村官。选拔 50 名左右优秀农村实用人才，每人给予 5 万元的资金资助。

（40）加快推进农业转移人口市民化政策。党的十八届三中全会明确提出要推进农业转移人口市民化，逐步把符合条件的农业转移人口转为城镇居民。政策措施主要包括 3 个方面：一是加快户籍制度改革；二是扩大城镇基本公共服务覆盖范围；三是保障农业转移人口在农村的合法权益。

（41）发展新型农村合作金融组织政策。2015 年，国家将在管理民主、运行规范、带动力强的农民合作社和供销合作社基础上，培育发展农村合作金融，选择部分地区进行农民合作社开展信用合作试点，丰富农村地区金融机构类型。国家将推进社区性农村资金互助组织发展，这些组织必须坚持社员制、封闭性原则，坚持不对外吸储放贷、不支付固定回报。国家还将进一步完善对新型农村合作金融组织的管理体制，明确地方政府的监管职责，鼓励地方建立风险补偿基金，有效防范金融风险。

（42）农业保险支持政策。对于种植业保险，中央财政对中西部地区补贴40%，对东部地区补贴35%，对新疆生产建设兵团、中央单位补贴65%，省级财政至少补贴25%。对能繁母猪、奶牛、育肥猪保险，中央财政对中西部地区补贴50%，对东部地区补贴40%，对中央单位补贴80%，地方财政至少补贴30%。对于公益林保险，中央财政补贴50%，对大兴安岭林业集团公司补贴90%，地方财政至少补贴40%；对于商品林保险，中央财政补贴30%，对大兴安岭林业集团公司补贴55%，地方财政至少补贴25%。中央财政农业保险保费补贴政策覆盖全国，地方可自主开展相关险种。

（43）村级公益事业一事一议财政奖补政策。村级公益事业一事一议财政奖励和补贴，是对村民一事一议筹资筹劳建设项目进行奖励或者补助的政策。

（44）扶持家庭农场发展政策。推动落实涉农建设项目、财政补贴、税收优惠、信贷支持、抵押担保、农业保险、设施用地等相关政策，帮助解决家庭农场发展中遇到的困难和问题。

（45）扶持农民合作社发展政策。2015年，除继续实行已有的扶持政策外，农业部将按照中央的统一部署和要求，配合有关部门选择产业基础牢、经营规模大、带动能力强、信用记录好的合作社，按照限于成员内部、用于产业发展、吸股不吸储、分红不分息、风险可掌控的原则，稳妥开展信用合作试点。

（46）发展多种形式适度规模经营政策。对有条件的地方，可对流转土地给予奖励和补贴。

（47）健全农业社会化服务体系政策。明确政府购买社会化服务的具体内容、衡量标准和运作方式，提出支持具有资质的经营性服务组织从事农业公益性服务的具体政策措施。

（48）完善农村土地承包制度政策。2015年，选择3个省作为整省推进试点，其他省（区、市）至少选择1个整县推进试点。

（49）推进农村产权制度改革政策。根据1号文件的要求，国家有关部门将深入研究新型集体经济组织主体地位、产权交易、股权的有偿退出和抵押、担保、继承等重大问题。

（50）农村、农垦危房改造政策。2015年，计划完成农村危房改造任务260万户左右。拟按照东、中、西部垦区每户补助6 500元、7 500元、9 000元的标准，改造农垦危房24万户；同时，按照中央投资每户1 200元的补助标准，支持建设农垦危房改造供暖、供水等配套基础设施建设。

二、国家对家庭农场（养殖）的补贴

（1）2012年中央财政安排奖励资金35亿元，专项用于发生猪生产，具体包括规模化生猪养殖户（场）猪舍改造、良种引进、粪污处理的支出，生猪养殖大户购买公猪、母猪、仔猪和饲料等的贷款贴息和保险保费补助支出，生猪流通和加工方面的贷款贴息支出，生猪防疫服务费用支出等。奖励资金按照引导生产、多调多奖、直拨到县、专项使用的原则，依据生猪调出量、出栏量和存栏量权重分别为50%、25%、25%进行测算。2013年，中央财政继续实施生猪调出大县奖励。为推动家畜品种改良，提高家畜生产水平，带动养殖户增收。

（2）从2005年开始，国家实施畜牧良种补贴政策，2012年畜牧良种补贴资金 12 亿元，主要用于对项目省养殖场（户）购买优质种猪（牛）精液或者种公羊、牦牛种公牛给予价格补贴。生猪良种补贴标准为每头能繁母猪 40 元；奶牛良种补贴标准为荷斯坦牛、娟姗牛、奶水牛每头能繁母牛 30 元，其他品种每头能繁母牛 20 元；肉牛良种补贴标准为每头能繁母牛 10 元；羊良种补贴标准为每只种公羊 800 元；牦牛种公牛补贴标准为每头种公牛 2 000 元。2013 年，国家将继续实施畜牧良种补贴政策。

（3）从 2007 年开始，中央财政每年安排 25 亿元在全国范围内支持生猪标准化规模养殖场（小区）建设；2008 年，中央财政安排 2 亿元资金支持奶牛标准化规模养殖小区（场）建设，2009 年开始中央资金增加到 5 亿元；2012 年，中央财政新增 1 亿元支持内蒙古自治区、四川、西藏自治区、甘肃、青海、宁夏回族自治区、新疆维吾尔自治区以及新疆生产建设兵团肉牛肉羊标准化规模养殖场（小区）开展改扩建。支持资金主要用于养殖场（小区）水电路改造、粪污处理、防疫、挤奶、质量检测等配套设施建设等。2013 年，国家将继续支持畜禽标准化规模养殖。我国动物防疫补助政策主要包括：重大动物疫病强制免疫补助政策，国家对高致病性禽流感、口蹄疫、高致病性猪蓝耳病、猪瘟、小反刍兽疫（限西藏、新疆和新疆生产建设兵团）等重大动物疫病实行强制免疫政策；强制免疫疫苗由省级畜牧兽医主管部门会同省级财政部门进行政府招标采购，兽医部门逐级免费发放给养殖场（户）；疫苗经费由中央财政和地方财政共同按比例分担，养殖场（户）无须支付强制免疫疫苗费用。畜禽疫病扑杀补助政策，国家对高致病性禽流感、口蹄疫、高致病性猪蓝耳病、小反刍兽疫发病动物及同群动物和布病、结核病阳性奶牛实施强制扑杀；对因重大动物疫病扑杀畜禽给养殖者造成的损失予以补助，补助经费由中央财政和地方财政共同承担。基层动物防疫工作补助政策，补助经费用于对村级防疫员承担的为畜禽实施强制免疫等基层动物防疫工作经费的劳务补助，2012年，中央财政投入7.8亿元补助经费。养殖环节病死猪无害化处理补助政策，国家对年出栏生猪50头以上，对养殖环节病死猪进行无害化处理的生猪规模化养殖场（小区），给予每头80元的无害化处理费用补助，补助经费由中央和地方财政共同承担。2013年，中央财政将继续实施动物防疫补助政策。

三、国家扶持"菜篮子"工程项目

1. 蔬菜

每个设施蔬菜标准园200亩以上，每个露地蔬菜标准园1000亩以上。鼓励技术力量强、产业基础好、区域优势突出、品牌影响大的生产基地集中建设标准园，采取统一生产、统一加工、统一销售和分户管理的模式，更大范围推进标准化生产。重点扶持蔬菜标准园（包括食用菌和西甜瓜等种类），适当兼顾果、茶。

2. 畜产品

主要支持畜种包括生猪、蛋鸡、肉鸡、肉牛和肉羊。其中：生猪出栏0.5万~5万头的标准化养殖场；蛋鸡存栏1万~10万只的标准化养殖场；肉鸡出栏5万~100万只的标准化养殖场；肉牛出栏100~2000头的标准化养殖场；肉羊出栏300~3000头的标准化养殖场。

3. 水产品

建设农业部水产健康养殖示范场，开展养殖基础设施改造，实施标准化养殖，加强质量安全管理，提高养殖综合生产能力和质量安全水平，保障大中城市优质水产品有效供给。省级农业会同财政部门可根据当地规模化、标准化发展情况和中央安排资金情况，细化本地具体项目资金补助标准，为避免过于分散或过于集中，补助资金规模控制在25万~100万元。补助资金总额不得少于中央下达资金。

四、中国将调整粮食补贴政策　支持适度规模经营

　　农业部 2015 年 4 月 30 日发布 2015 年深化农村改革、发展现代农业、促进农民增收的 50 项政策措施，明确规定了各类补贴的范围、方向和补贴条件，其中，2015 年种粮农民直接补贴资金 140.5 亿元（人民币，下同），农作物良种补贴资金 203.5 亿元，安排支持粮食适度规模经营资金共 234 亿元，用于支持粮食适度规模经营，重点向专业大户、家庭农场和农民合作社倾斜。2015 年，中国将继续实施农产品目标价格政策，在 2014 年启动东北和内蒙古大豆、新疆棉花目标价格改革试点基础上，积极探索粮食、生猪等农产品目标价格保险试点，逐步建立农产品目标价格制度。近年来，中国不断加快农产品质量安全追溯体系建设。文件指出，2015 年及今后一段时期，中国将重点加快制定质量追溯制度、管理规范和技术标准，推动国家追溯信息平台建设，进一步健全农产品质量安全可追溯体系。同时，加大农产品质量安全追溯体系建设投入，逐步实现覆盖主要农产品质量安全的可追溯管理目标。为鼓励农业规模化经营，文件明确，国家鼓励农村发展合作经济，扶持发展规模化、专业化、现代化经营，允许财政项目资金直接投向符合条件的合作社，同时，引导工商资本到农村发展适合企业化经营的现代种养业，主要是鼓励其重点发展资本、技术密集型产业，从事农产品加工流通和农业社会化服务。对于加快土地经营权流转，文件指出，对土地经营规模相当于当地户均承包地面积 10～15 倍、务农收入相当于当地二、三产业务工收入的，应当给予重点扶持。对于正在进行的农村土地改革试点，文件指出，在 2014 年 3 个省、27 个县开展试点、开展农村土地承包经营权确权登记颁证的基础上，2015 年继续扩大试点范围，再选择江苏、江西等 9 个省区开展整省试点。

[资料]

中央财政拨付农业三项补贴资金1 434亿元

2015年财政部、农业部拨付农资综合补贴、种粮农民直接补贴和农作物良种补贴3项资金1 434亿元。财政部、农业部要求各地按照政策要求和管理规定，加快补贴资金分配拨付进度，及时把直接补贴给农民的资金尽快兑付到农民手中。

同时，财政部、农业部在广泛征求和听取各方面意见的基础上，报经国务院批准，将开展调整完善农业补贴政策和试点实施工作。国家对农民的总体支持力度不降低，但对不同粮食种植规模和经营方式农户的补贴有所调整。重点向粮食适度规模经营主体倾斜，以不同方式鼓励不同形式的适度规模化经营。财政部、农业部要求各省（自治区、直辖市、计划单列市）从中央财政拨付的农资综合补贴资金中调整安排20%的资金，加上种粮大户试点资金和补贴增量资金，统筹用于支持粮食适度规模经营。重点向种粮大户、家庭农场、农民专业合作社、农业社会化服务组织等新型经营主体倾斜。各地要因地制宜地采取农业信贷担保、贴息、现金直补、重大农业技术推广补助等有效方式，支持新型经营主体解决粮食适度规模经营中融资难、融资贵问题，提高粮食生产集约化、社会化水平，转变粮食生产发展方式。

五、国家关于征收土地补偿最新标准

[资料]

财政部　农业部有关负责人就调整完善农业
三项补贴政策答记者问

为积极稳妥推进调整完善农业补贴政策工作，近日财政部、农业部印发了《关于调整完善农业三项补贴政策的指导意见》（以下简称《指导意见》）。记者就农业补贴政策调整完善相关问题采访了两部门有关负责人。

记者：为什么要对农业"三项补贴"政策做出适当的调整完善？

自2004年起，国家先后实施了农作物良种补贴、种粮农民直接补贴和农资综合补贴等三项补贴政策（以下简称农业"三项补贴"）。政策的实施，对于促进粮食生产和农民增收、推动农业农村发展发挥了积极的作用。但随着农业农村发展形势发生深刻变化，农业"三项补贴"政策效应递减，政策效能逐步降低，迫切需要调整完善。为了认真贯彻落实党的十八届三中全会和近年来中央1号文件关于完善农业补贴政策、改革农业补贴制度的精神，财政部、农业部针对当前农业补贴政策实施过程中出现的问题，深入开展调查研究，在充分征求和广泛听取各方面意见的基础上，提出了调整完善农业补贴政策的建议，经国务院同意，决定从2015年调整完善农业"三项补贴"政策。

调整完善农业"三项补贴"政策，是转变农业发展方式的迫切需要。我国农业生产成本较高，种粮比较效益低，主要原因就是农业发展方式粗放，经营规模小。受制于小规模经营，无论是先进科技成果的推广应用、金融服务的提供、与市场的有效对接，还是农业标准化生产的推进、农产品质量的提高、生产效益的增加、市场竞争力的提升，都遇到很大困难。因此，加快转变农业发展方式，强化粮食安全保障能力，建设国家粮食安全、农业生态安全保障体系，迫切需要调整完善农业"三项补贴"政策，加大对粮食适度规模经营的支持力度，促进农业可持续发展。

调整完善农业"三项补贴"政策，是提高农业补贴政策效能的迫切需要。在多数地方，农业"三项补贴"已经演变成为农民的收入补贴，一些农民即使不种粮或者不种地，也能得到补贴。而真正从事粮食生产的种粮大户、家庭农场、农民合作社等新型经营主体，却很难得到除自己承包耕地之外的补贴支持。农业"三项补贴"政策对调动种粮积极性、促进粮食生产的作用大大降低。因此,增强农业"三项补贴"的指向性、精准性和实效性,加大对粮食适度规模经营支持力度,提高农业"三项补贴"政策效能,迫切需要调整完善农业"三项补贴"政策。

与此同时,调整完善现行的农业"三项补贴"政策,有利于我国遵循世界贸易组织规则,进一步通过"绿箱政策"措施加大对农业农村的支持力度。

记者:调整完善农业"三项补贴"政策需要遵循那些基本原则?

这次调整完善农业"三项补贴"政策的目的是提高政策的指向性、精准性和实效性,提高政策效能,在国家对农民的总体支持力度不降低的前提下,促进农业发展方式转变,推进粮食适度规模经营,促进农业可持续发展,提高农业生产力和农产品市场竞争力。需要遵循以下几项原则。

一是切实保障广大农民的基本利益。保护广大农民群众的基本利益是调整完善农业补贴政策、改革农业补贴制度必须坚守的底线,维护好、实现好广大农民的基本利益是调整完善农业补贴政策、改革农业补贴制度必须遵循的首要原则。

二是强化对粮食适度规模经营的支持。稳定提高粮食产能是确保"谷物基本自给、口粮绝对安全"的关键,是确保国家粮食安全的重要举措。调整完善农业"三项补贴"政策,增强农业"三项补贴"促进粮食适度规模经营的指向性、精准性和实效性,既符合国家利益,也符合广大人民群众的根本利益。有利于提高粮食生产的比较效益,调动新型经营主体和农民种粮的积极性,从数量质量效益并重方面稳定提高粮食综合产能力。

三是有效促进农业可持续发展。我国现阶段主要依靠资源要素高投入实现高产出的农业发展方式已经对农业资源环境造成极大的损害,农产品质量安全难以保证,发展不可持续。调整农业

"三项补贴"政策指向，保护耕地地力，有利于保护我国有限宝贵的耕地资源、水资源和农业生态环境，实现农业可持续发展。

四是保持补贴政策的连续性稳定性。调整完善农业"三项补贴"政策、改革农业补贴制度事关广大农民群众利益和农业农村发展大局，必须积极稳妥，保持政策的连续性稳定性。首先，农业"三项补贴"总量只增不减，补贴力度不降；其次，认真贯彻落实中央"一号文件"的要求，除试点地区外，2015年继续实施农资综合补贴、种粮农民直接补贴、农作物良种补贴政策；第三，选择部分省的部分县市开展农业"三项补贴"改革试点，把顶层设计与基层探索有机结合起来，确保农业补贴改革稳步推进。

记者：这次农业"三项补贴"政策调整完善的主要内容是什么？

这次农业"三项补贴"政策调整完善的主要内容分为两个方面。

一是在全国范围内调整20%的农资综合补贴资金用于支持粮食适度规模经营。根据农业生产资料价格下降的情况，由各省、自治区、直辖市、计划单列市从中央财政安排下达的农资综合补贴中调整20%的资金，加上种粮大户补贴试点资金和农业"三项补贴"增量资金，统筹用于支持粮食适度规模经营。支持对象为主要粮食作物的适度规模生产经营者，重点向种粮大户、家庭农场、农民合作社、农业社会化服务组织等新型经营主体倾斜。

二是选择部分地区开展农业"三项补贴"改革试点。2015年，财政部、农业部选择安徽、山东、湖南、四川和浙江等5个省，由省里选择一部分县市开展农业"三项补贴"改革试点。试点的主要内容是将农业"三项补贴"合并为"农业支持保护补贴"，政策目标调整为支持耕地地力保护和粮食适度规模经营。

将80%的农资综合补贴存量资金，加上种粮农民直接补贴和农作物良种补贴资金，用于耕地地力保护。补贴对象为所有拥有耕地承包权的种地农民，享受补贴的农民要做到耕地不撂荒，地力不降低。补贴资金要与耕地面积或播种面积挂钩，并严格掌握补贴政策界限。对已作为畜牧养殖场使用的耕地、林地、成片粮田转为设施农业用地、非农业征（占）用耕地等已改变用途的耕地，以及长年抛荒地、占补平衡中"补"的面积和质量达不到耕种条件的耕地等不再给予补贴。同时，要调动农民加强农业生态资源保护意识，主动保护地力，鼓励秸秆还田，不露天焚烧。这部分补贴资金仍然采取直接现金补贴到户的方式。

　　将20%的农资综合补贴存量资金，加上种粮大户补贴试点资金和农业"三项补贴"增量资金，按照统一调整完善政策的要求集中支持粮食适度规模经营。其他地区也可根据本地实际，比照试点地区的政策和要求自主选择一部分县市开展试点，但试点范围要适当控制。2016年，农业"三项补贴"改革将在总结试点经验、进一步完善政策措施的基础上在全国范围推开。

　　记者：调整完善农业"三项补贴"政策将通过什么样的方式支持粮食适度规模经营?

　　粮食适度规模经营有多种形式，既有土地有序流转形成的土地适度规模经营，也有通过股份合作、联合、订单农业和社会化服务提供等方式实现的粮食适度规模经营。因此，各地要坚持因地制宜、简便易行、效率与公平兼顾的原则，采取积极有效的支持方式，促进粮食适度规模经营。《指导意见》中对采取的支持方式也提出了一些明确的要求。

　　一是重点支持建立完善农业信贷担保体系。通过农业信贷担保的方式为粮食适度规模经营主体贷款提供信用担保，着力解决新型经营主体在粮食适度规模经营中的"融资难"、"融资贵"问题。支持粮食适度规模经营补贴资金，主要用于支持各地尤其是粮食主产省建立农业信贷担保体系，推动形成全国性的农业信用担保体系，逐步建成覆盖粮食主产区及主要农业大县的农业信贷担保网络，强化银担合作机制，支持粮食适度规模经营。今年，要把资金投入重点和工作重点放在支持建立省级农业信贷担保体系方面，特别是粮食主产省和农业大省在建立省级农业信贷担保体系方面要实现突破，初步建立省级农业信贷担保体系框架。与此同时，要积极探索建立全国农业信贷担保机构和省以下农业信贷担保机构的有效途径。

二是也可以采取贷款贴息、现金直补、重大技术推广与服务补助等方式支持粮食适度规模经营。对粮食适度规模经营主体贷款利息也可以给予适当补助（不超过贷款利息的50%）。也可以采取现金直补的方式，但要与主要粮食作物的种植面积或技术推广服务面积挂钩，单户补贴要设置合理的补贴规模上限，防止"垒大户"。也可以采取"先服务后补助"、提供物化补助等方式，为粮食适度规模经营提供重大技术推广与服务补助。

记者：财政部、农业部对做好调整完善农业补贴政策在具体组织实施方面有什么要求？

调整完善农业"三项补贴"政策事关广大农民群众利益和农业农村发展大局，事关国家粮食安全和农业可持续发展大局。《指导意见》要求，地方各级人民政府及财政部门、农业部门要充分认识调整完善农业"三项补贴"政策的重要意义，统一思想，高度重视，精心组织，明确责任，加强配合，扎实工作，确保完成调整完善农业"三项补贴"政策的各项任务。

一是切实加强组织领导。加强组织领导是做好调整完善农业"三项补贴"工作的重要保证。《指导意见》提出，这次调整完善农业"三项补贴"政策工作由省级人民政府负总责。要求地方各级财政部门、农业部门要在人民政府的统一领导下，加强对具体实施工作的组织领导，建立健全工作机制，明确工作责任，密切部门合作，确保工作任务和具体责任落实到位，确保调整完善农业"三项补贴"政策的各项工作落实到位。地方各级财政部门要安排相应的组织管理经费来保障各项工作的有序推进。

二是认真制定具体实施方案。制定具体实施方案是做好调整完善农业"三项补贴"政策的基础和前提。《指导意见》要求，各省级财政部门、农业部门要结合本地实际，在充分听取各方面意见的基础上，认真制定调整完善农业"三项补贴"政策实施方案，因地制宜研究支持粮食适度规模经营的范围、支持方式，明确时间节点、任务分工和责任主体，明确政策实施的具体要求和组织保障措施。确定的具体实施方案要报请省级人民政府审定同意。为了加强对调整完善农业"三项补贴"政策的指导和上下信息沟通，《指导意见》要求各省在研究粮食适度规模经营支持方式过程中要与财政部、农业部进行沟通，省级人民政府审定的实施方案要报财政部、农业部备案。

三是抓紧落实农业"三项补贴"政策。各地要抓紧研究制定支持粮食适度规模经营的具体措施，尽快将资金和政策落实到位。按照今年中央"一号文件"要求，制定具体方案，调整优化补贴方式，抓紧拨付80%的农资综合补贴资金和全部种粮农民直接补贴、农作物良种补贴资金，及时安全发放到农户，尽快兑付到农民手中。试点地区要抓紧研究制定试点方案，确保直接补贴农民的资金尽快兑付到农民手中，支持粮食适度规模经营的措施尽快落实到位。

四是切实加强农业"三项补贴"资金分配使用监管。明确部门管理职责，逐步建立管理责任体系。中央财政农业"三项补贴"资金按照耕地面积、粮食产量等因素测算切块到各省，由各省确定补贴方式和补贴标准。省级财政部门、农业部门负责项目的组织管理、任务落实、资金拨付和监督考核等管理工作，督促市县级财政部门、农业部门要做好相关基础数据采集审核、补贴资金发放等工作。对骗取、套取、贪污、挤占、挪用农业"三项补贴"资金的，或违规发放农业"三项补贴"资金的行为，将依法依规严肃处理。

五是密切跟踪工作进展动态。中央和省级财政部门、农业部门要密切跟踪农业"三项补贴"政策调整完善工作进展动态，加强信息沟通交流，建立健全考核制度，对实施情况进行监督检查。财政部、农业部将深入有关省开展调查研究，及时了解情况，总结经验，解决问题。同时，财政部、农业部将研究制定相关制度，适时对各地农业"三项补贴"政策落实情况进行绩效考核，考核结果将作为以后年度农业补贴资金及补贴工作经费分配的重要因素。

六是做好政策宣传解释工作。各地要切实做好舆论宣传工作，主动与社会各方面特别是基层干部群众进行沟通交流，赢得理解和支持，为政策调整完善和改革试点工作有序推进创造良好的舆论氛围和社会环境。

（一）征地补偿

①征收耕地补偿标准：旱田平均每亩补偿5.3万元。水田平均每亩补偿9万元。菜田平均每亩补偿15万元。②征收基本农田补偿标准：旱田平均每亩补偿5.8万元。水田平均每亩补偿9.9万元。菜田平均每亩补偿15.6万元。③征收林地及其他农用地平均每亩补偿13.8万元。④征收工矿建设用地、村民住宅、道路等集体建设用地平均每亩补偿13.6万元。⑤征收空闲地、荒山、荒地、荒滩、荒沟和未利用地平均每亩补偿2.1万元。

（二）其他税费

①耕地占用税，按每平方米2元计算。②商品菜地开发建设基金，按每亩1万元计算。③征地管理费，按征地总费用的3%计算。由国土资源部门严格按有关规定使用。④耕地占补平衡造

地费，平均每亩4 000元，统筹调剂使用，省国土资源厅负责监督验收。

（三）征地工作程序

①告知征地情况。②确认征地调查结果。③组织征地听证。④签订征地补偿协议。⑤公开征地批准事项。⑥支付征地补偿安置费。

（四）房屋地上物补偿标准

①房屋补偿标准：楼房（二层以上）每平方米补偿3 300元。捣（预）制砖混凝土结构房屋每平方米补偿2 800元。砖瓦房每平方米补偿2 400元。平（草）房每平方米补偿1 900元。②其他地上（下）附着物补偿标准：仓房每平方米补偿920元。室外水泥地坪每平方米补偿165元。沼气池每个补偿4 600元。厕所每平方米补偿190~300元。猪鸡舍每平方米补偿150~260元。塑料大棚每平方米补偿165~280元。菜窖每平方米补偿180~330元。砖石墙每延长米补偿190元。格栅（含工艺格栅栏）每延长米补偿450元。大门楼每个补偿2 400元。饮用水井（含压水设备）每眼补偿1 000元。农家排灌水井（含泵水设备）每眼补偿15 000元。排灌大井（含设备）每眼补偿3万元。排水管（塑料管、铸铁）每延长米补偿80~150元。电话移机补助费每户200元。有线电视迁移补助费每户300元。坟每座补偿5 000元。③异地安置补助费（包括宅地、配套设施、租房费等）每户2万元。

（五）征占林木补偿标准

1. 林木补偿标准

①杨、柳、榆、槐树林木补偿费：1~3年平均每亩补偿6 000元；4~13年平均每亩补偿12 000~36 000元；14~20年平均每亩补偿60 000~80 000元；21年以上平均每亩补偿32 000元。②柞树林木补偿费：1~3年平均每亩补偿12 000元；4~20

年平均每亩补偿18 000～30 000元；21～50年平均每亩补偿44 000～60 000元；51年以上平均每亩补偿24 000元。③红松林木补偿费：1～3年平均每亩补偿12 000元；4～20年平均每亩补偿20 000～31 000元；21～40年平均每亩补偿56 000～62 000元；41～70年平均每亩补偿168 000元；71年以上平均每亩补偿126 000元。④落叶松林木补偿费：1～3年平均每亩补偿150 000元；4～20年平均每亩补偿180 000～250 000元；21～50年平均每亩补偿60 000～130 000元；51年以上平均每亩补偿110 000元。

2. 村民房前屋后林木补偿标准

一般林木（杨柳榆槐等）：幼龄林（1～10年生）平均每株补偿35～65元；中龄林（11～20年生）平均每株补偿220～300元；成熟林（21年以上）平均每株补偿350元。

3. 森林植被恢复费

用材林、经济林、薪炭林、苗圃地每亩120 000元；未成林每亩86 600元；防护林、特种用途林每亩63 360元、国家重点防护林和特种用途林每亩76 670元；疏林地、灌木林地每亩50 000元；宜林地、采伐迹地、火烧迹地每亩43 340元。

4. 林业设计费

按林地、林木和森林植被恢复费总和的3%收取。

（六）果树补偿标准

①苹果树：培育期（1～5年）平均每株补偿150～220元；初果期（6～8年）平均每株补偿300～450元；盛果期（9～25年）平均每株补偿600～1 800元；衰果期26年以上平均每株补偿900元。②梨树：培育期（1～5年）平均每株补偿45～120元；初果期（6～8年）平均每株补偿150～300元；盛果期（9～25年）平均每株补偿1 900～2 200元；衰果期26年以上平均每株补偿1 200元。③桃树：培育期（1～3年）平均每株补偿

45～90 元；初果期（4～8 年）平均每株补偿 150～280 元；盛果期（9～20 年）平均每株补偿 350～680 元；衰果期 21 年以上平均每株补偿 280 元。④葡萄树：培育期（1～2 年）平均每株补偿 30～55 元；初果期（3～5 年）平均每株补偿 40～150 元；盛果期（6～11 年）平均每株补偿 150～330 元；衰果期 12 年以上平均每株补偿 190 元。⑤枣树：培育期（1～3 年）平均每株补偿 30～80 元；初果期（4～8 年）平均每株补偿 50～120 元；盛果期（9～30 年）平均每株补偿 520～130 元；衰果期 31 年以上平均每株补偿 680 元。⑥杏树：培育期（1～3 年）平均每株补偿 45～185 元；初果期（4～7 年）平均每株补偿 200～310 元；盛果期（8～35 年）平均每株补偿 500～1 600 元；衰果期 36 年以上平均每株补偿 980 元。⑦板栗：培育期（1～4 年）平均每株补偿 45～95 元；初果期（5～7 年）平均每株补偿 190～210 元；盛果期（8～35 年）平均每株补偿 50～1 600 元；衰果期 36 年以上平均每株补偿 860 元。⑧杂果树：培育期（1～3 年）平均每株补偿 25～50 元；初果期（4～10 年）平均每株补偿 80～130 元；盛果期（11～25 年）平均每株补偿 130～280 元；衰果期 26 年以上平均每株补偿 140 元。

（七）电力设施动迁补偿标准

①低压线路改移（0.4kV）：每千米补偿 30 000 元；线路加高木杆平均每根 1 000 元，混凝土杆平均每根 1 500 元（含金具、线、占地、税金等费用）。②高压线路改移（10kV）：每千米补偿 47 000 元；线路加高混凝土单杆平均每根 6 000 元，混凝土 H 杆平均每基 8 000 元（含金具、线、占地、税金等费用）。③高压线路加高（66kV）：混凝土单杆平均每根 5 500 元，混凝土 H 杆平均每基 8 000 元，混凝土 A 杆平均每基 10 000 元，铁塔平均每基 10 万元（含金具、线、占地、税金等费用）。④高压线路加高（220kV 以上）：混凝土双杆平均每基 2 万元，铁塔平均每基

20万元（含金具、线、占地、税金等费用）。

（八）邮电通讯设施动迁补偿标准

①电话线路：木杆平均每根（含话线横担瓷瓶等）1 000～2 000元；混凝土杆平均每根（含话线横担瓷瓶等）1 500～3 000元。②架空光（电）缆：木杆平均每根500元；混凝土杆平均每根1 000元；光（电）缆每米50～150元。③地下电缆：电缆、光缆每米100～200元。

（九）农田灌溉水利设施动迁补偿标准

采取工程修复和补偿相结合的原则，按成本价适当补偿。①农村小型水库：水库水面（灌溉与养殖兼用）每亩补偿19 000元；水库水面（灌溉）每亩补偿16 000元；水库荒滩每亩补偿300元。②农田灌溉水利设施：小型闸门（混凝土结构）每个补偿15 000～20 000元；排灌干渠堤坝每延长米补偿80元。

（十）厂矿企事业单位动迁补偿标准

国有和集体所有制的厂矿企事业单位的动迁，考虑实际损失给予适当的补偿。办公用房参照民房动迁标准；厂房等生产设施按重置折旧计算，适当考虑停工搬迁损失费用。

（十一）施工运输道路补偿标准

凡工程施工指定的乡村运输道路，施工期间由施工单位负责维修养护，工程竣工后按补偿标准由各市组织修复。乡村道路（沥青路面）视取料难易、路面宽度情况，每千米补偿20万～35万元。乡村道路（沙石路面）每千米补偿9万元。乡村道路（土路面）每千米补偿4万元。

（十二）乡村道路和田间作业道补偿标准

考虑农民群众生产和生活需要，确需修建的乡村道路连接线和田间作业道，按补偿标准由各市组织实施。村道路连接线（沙石路面）每千米补偿12万元（含征地费用、简易构造物）。乡村道路连接线、田间作业道每千米补偿8万元。

（十三）征地及动迁不可预见费

按签订的征地和动迁补偿投资协议中所核定总费用的5%计算。不可预见费由建设单位负责使用，主要用于因工程设计变更引发的扩大征地和地上附着物动迁的补偿；工程设计时没有发现，征地动迁协议中没有列入的、不可预见的地下构造物动迁补偿；因国家政策性调整及不可抗拒的地震灾害等不可预见项目的补偿。涉及征地的不可预见项目，由省交通厅和省国土资源厅共同核定。

（十四）各市动迁办公室管理费

按省市签订的动迁补偿投资协议中所核定的总费用的3%计提。各市动迁办公室为临时性机构，主要负责高速公路建设项目拆迁地上、地下附着物和地方协调工作。市动迁办公室应严格按有关规定包干使用，不得超支。

（十五）高速公路占地赔偿——林地补偿费计算方法

①苗圃地补偿费计算方法：苗圃地补偿费 = 该苗圃前3年年平均产值（公顷）苗圃地面积（公顷）补偿倍数。注：补偿系数 = 临时占地（指占用期二年以下，下同）为每年2.5～5倍；永久占用（指占用期3年以上，下同）为10～25倍。②国有其他林地补偿费计算方法（不含苗圃地）：其他林地补偿费 = 所在乡（镇）农田地前3年年平均产值（公顷）林地面积林种补偿系数。③集体其他林地永久占地补偿费计算方法（不含苗圃地）：集体其他林地永久占地补偿费 = 所在乡（镇）旱田地前3年年平均产值（公顷）林地面积补偿倍数（6～10）。④集体其他林地临时占地补偿费计算方法（不含苗圃地）：集体其他林地临时占地补偿费 = 所在乡（镇）旱田地前3年年平均产值（公顷）林地面积补偿倍数（占用期一年为1.5～3倍，占用期二年为5倍）。

（十六）对拆迁特困户和丧失劳动能力人的补偿

没有生活来源的残疾人的房屋，由拆迁人按以下规定给予照顾：①对拆迁持有有效《市居民最低生活保障证》的住户，其拆迁货币补偿款低于 5.5 万元的，按 5.5 万元给予货币补偿。②对拆迁持有有效《城市居民最低生活保障证》的住户中的残疾人，其持有的《中华人民共和国残疾人证》标明残疾标准程度为一级、二级的听力、语言、肢体残疾的和标明视力、智力、精神残疾的，在第一条的基础上，再给予补助 1 万元照顾。

（十七）对于特殊情况参照有关规定

依照现行当地物价市场，由省市主管部门举行听证会，与业主协商处理。

（十八）经济建设是民生工程

要征得人民理解与支持，掀起全民建设家园的氛围，不得强制进行，若有对群众有威胁，恐吓甚者暴力行为，直接追究负责官员责任。

第三节　各地对新型职业农民优惠政策

【湖南】四项政策扶持新型职业农民

湖南省政府出台《关于加快新型职业农民培育的意见》，提出到 2017 年全省培育新型职业农民 10 万人。新型职业农民通过培训认证后将获得四项政策扶持。湖南省副省长张硕辅说，培育新型职业农民是解决"谁来种地"、"怎样种好地"问题和创新农业经营主体的根本途径和有效手段，要坚持"政府主导统筹、农业农村部门牵头、专门机构实施、社会力量参与、农民自主自愿"的方针，培育一支"数量充足、结构合理、素质优良"的新型职业农民队伍。湖南省农委党组副书记、副主任曹英华介绍，按照农业部、财政部的要求，湖南省政府确定了"2014年试点，2015年全面展开，2017年全省培育新型职业农民10万人"的目标，目前，已将常德市整市和宁乡县、醴陵市等12个县市纳入全国试点市县范围实施重点推进，试点县从2013年的4个增加到2014年的19个，试点县数、资金额度、实施范围均处于全国前列。湖南新型职业农民将获得4项政策扶持：一是以土地流转等集聚资源要素为主的农业生产经营扶持政策，鼓励和引导农村土地承包经营权向新型职业农民流转；二是以改善农业基础设施条件和为农产品品牌创建及营销体系建设服务为主的建设项目扶持政策，对农村土地整理、标准农田建设等涉农项目，从项目编制、申报源头上向新型职业农民倾斜；三是以扩大适度规模和标准化农业生产为主的金融信贷扶持政策，鼓励金融机构创新金融产品，加大对新型职业农民的信贷支持力度；四是鼓励保险机构积极开展服务新型职业农民生产的保险业务，创新保险品种，提高保障水平。2014年湖南省平江县制定了新型职业农民政策扶持办法，出台了水稻、生猪、农机政策性补助资金向新型职业农民倾斜的具体规定和操作办法，整合5个农业项目共700多万元向新型职业农民倾斜，发放惠农政策资金210多万元，优惠贷款1 200多万元

【河南】1.4亿元支持新型农业经营主体发展

河南省为促进农业生产经营结构转型升级，加快农业现代化建设步伐，2014年省财政通过调整支出结构、整合涉农资金1.4亿元，用于支持农民专业合作组织、家庭农场、种养专业大户及农业产业化企业等新型农业生产经营主体发展。针对补助资金，河南省通过综合考虑各地粮食产量、农林牧渔增加值、人均财力和农财工作管理情况等因素后，按照因素法切块下达各地。补助资金主要用于对新型农业生产经营主体开展生产基地和市场营销

能力建设、经营管理人员和农户成员培训、购买农业生产全程社会化服务等给予补助。

【夏邑县】出台新型职业农民培育扶持奖励办法

河南省夏邑县对新型职业农民实行九免费、六奖励、十优先政策。

九免费：①免费开展技术培训。②免费发放科技资料。③免费开展新型职业农民考核认定。④免费提供各类科技信息和市场信息。⑤免费开展蔬菜生产技术咨询。⑥免费开展蔬菜生产技术指导。⑦免费开展测土配方服务。⑧免费提供农产品质量安全检测服务。⑨免费推介农产品。

六奖励：①新型职业农民培育奖励。获得新型职业农民证书每人奖励 100 元。②新型职业农民标兵奖励。每年评选 15% 的优秀新型职业农民作为新型职业农民标兵，给予一定奖励。③产业带头人奖励。每年评选带动周围群众发展无公害蔬菜生产成效显著的十佳新型职业农民，给予一定奖励。④生产能手奖励。每年依据单位产量或效益评选出生产能手，给予一定奖励。⑤名优品牌奖励。积极支持新型职业农民创建自己的产品品牌，鼓励他们树立品牌意识，积极参与品牌认证。对获得相关认证的优质产品给予一定奖励。对获得相关认证的优质农产品，按照县政府有关规定关于奖励。⑥规模生产奖励。设施蔬菜生产面积达到 30 亩以上，大田蔬菜生产面积达到 100 亩以上，给予一定奖励。

十优先：①优先享受国家惠农政策。②优先申报承担涉农项目。③优先提供金融信贷，获得农业贷款。④优先享受专家技术指导和服务。⑤优先在社会保障、医疗保障、农业保险、养老保障等方面享受更高的保障。⑥优先获得新技术、新品种和新信息。⑦优先承包国家、集体发包的土地、经营场所和机械设备等。⑧优先申报晋升高一级农民专业技术职称和认定农村实用人才。⑨优先申报省、市示范专业合作社和办理农资经营许可证。⑩优先参与选聘村组干部和评选先进个人。

【宁夏回族自治区】农民贷款多种方式抵押担保

为加大对专业大户、家庭农场、农民合作社等新型农业生产经营主体支持力度，农行宁夏回族自治区分行依据国家相关制度，制定出台了《专业大户（家庭农场）贷款管理实施细则（试行）》。种植业、养殖业、农产品购销和加工、农机专业大户及家庭农场贷款可以采用大中型农机具、自有粮食、绒毛、枸杞等农副产品抵押担保；林权抵押担保；"农村土地承包经营权、农村土地流转经营权、农村宅基地使用权抵押＋基金"的方式担保。这些政策含金量高，对于促进新型职业农民成长发展具有很强的针对性。

【山西】每年投入 1.5 亿元培训新型职业农民

山西省作为农业部、财政部确定的整省推进试点，2014 年，山西省把新型职业农民培训列入今后几年为农民办的五件实事之一，列入政府目标责任考核，省市县三级财政每年投入 1.5 亿多元。按照规划，2015 年起每年组织培训 10 万新型职业农民。但面对规模大、层次高的新型职业农民培育任务，优质培训资源明显不足，社会资源分散，教育培训条件不配套，基本建设长期欠账等问题也凸显出来，加强农民教育培训体系建设变得极为迫切。2014 年，山西省除了依托农业广播电视学校、农业技术推广体系、农业院校和农业科研院所等公益性组织外，还广泛吸收和争取农业龙头企业、现代农业园区、民间组织等社会化教育培训资源，以政府购买公共服务的方式进行。

【甘肃】民勤县六项措施助推新型职业农民产业发展

为加快推进新型职业农民培育工作，鼓励和引导支持新型职业农民做实、做大、做强农业产业，结合民勤县县域产业发展状况，县委、县政府研究制定了民勤县新型职业农民奖励扶持办法。

一、政策、技术扶持

一是新型职业农民优先保证享受涉农优惠扶持政策，在生产补贴、技术服务、农机具购置等方面给予倾斜支持；二是对从事农业生产经营的新型职业农民实行"一对一"对口帮扶和技术指导。县上组建专家团队，设立首席专家，给予高端规划、引领、指导，助其发展壮大。

二、项目支持

一是新型职业农民优先申报安排相关项目扶持，优先享受科技推广等各项配套服务；二是优先办理所需用电用水服务，优先给予水、电、路、渠、沼、土地整理等基础设施建设配套支持。

三、支持建设用地

一是鼓励和支持新型职业农民在依法、自愿、有偿流转农村土地，用于规模发展日光温室、特色林果和养殖暖棚；二是优先审批新型职业农民发展规模经营所需农业生产用地；三是对生产规模达到一定规模的新型职业农民，在土地流转、倒兑、转让、入股等方面给予优惠政策；四是对每户建设日光温室 4 亩以上，或发展特色林果 6 亩以上，或羊、牛、猪、鸡饲养量分别达 500只、100 头、200 头、12 000 只以上的种养大户，所需生产用地政府予以支持。

四、减免税收

新型职业农民从事农业主体生产模式所获得的生产经营性收入可减征或免征所得税、营业税，自产自销农产品免征增值税。

五、资金、信贷扶持

一是支持和帮助新型职业农民开展无公害农产品认证、绿色食品认证、有机食品认证、原产地认证及食品质量安全认证、商标注册，打造特色品牌，并给予一定的资金补助；二是对新型职业农民扩大规模建设所需资金给予贴息支持，并优先给予小额贷款支持，优先纳入农业保险范畴，优先获得小额担保贷款扶持，优先提供金融信贷保险支持。

六、免费培训

一是新型职业农民实行职业技能免费培训，定期组织新型职业农民培育对象参加农村劳动力技能培训、专业实践技术教育培训、绿色证书培训；二是免费参加大中专涉农专业学历教育。

第四节　改革完善农业补贴政策

农业补贴是当今世界各国普遍采取的农业支持保护政策。我国的农业补贴政策于 2002 年在吉林省和安徽省部分县市进行试点，于 2004 年扩展到全国范围，至今已进入第 13 个年头。现有农业补贴政策已经在增加农民收入、支持农业生产方面表现出了很好的效果，但是补贴目标仍然不够清晰、作用发挥受到一定的制约，需要进一步完善。

一、我国现有农业补贴的基本政策框架

（一）"四补贴"为主体，其他补贴为补充

补贴种类已经由单一的种粮直接补贴，扩展为直接补贴、农资综合直补、农机购置补贴、良种补贴为基础的"四补贴"，同时，又纳入了农业保险保费补贴、农业重点生产环节补贴、防灾减灾稳产增产重大关键技术补助等新的农业补贴，符合我国现阶段国情的农业补贴制度框架已基本成型。

（二）总体规模较大，补贴增量有保障

补贴规模由 2004 年的 116 亿元增长到 2013 年的 1 700.55 亿元。早在 2013 年 9 月，中央财政就提前下达了 2014 年农机购置补贴 170 亿元。2014 年初，中央财政又向地方拨付 2014 年直接补贴 151 亿元、农资综合补贴 1 071 亿元。2014 年《政府工作报告》明确表示："不管财力多么紧张，都要确保农业投入只增不减。"这为农业补贴规模的进一步扩大，提供了体制保障。

（三）补贴拨付入卡，发放形式多样化

补贴方式由现金直接发放升级为"一卡通"拨付为主，多种形式并存。例如，农机购置补贴采取"差价购机、统一结算"的方式，部分良种补贴的发放方式可以描述为"财政招标、低价供种"，保险保费补贴则采取"超低保费，补贴险企"的方式，防灾减灾稳产增产重大关键技术补助的发放以"联技计补，钱物兼容"为主。多样的补贴方式为补贴政策的调整创造了一定的空间。

二、目前补贴政策存在的问题

（一）为农民收入提供支持的目标指向不够清晰

随着我国经济发展和农业比较优势的下降，农业补贴不断增加，甚至被当做提高农民收入的手段之一。实际上，在我国农业

小规模经营为主的国情下，以农业补贴来提高农户的收入并不现实，而且也超出了国家现阶段的财政承受能力。即使在美国、日本等发达国家，农业补贴的作用也只是稳定农民收入，而不是大幅提高农民收入。所谓美国补贴占农民收入 40% 的流行说法，其计算依据是 1999—2001 年补贴金额占农业净利润的比例。实际上，该数字近年来持续下降，2010 年之后已经降低到 10%以下。

（二）与相关政策尚未形成协调配合的机制

目前，新增补贴强调对某一具体产业的支持，对形成农业生产发展、农民收入增长的长效机制着力不大。例如，酝酿之中的目标价格补贴制度在政策表达上，只关注了某种农产品价格降低情况下的补贴机制。但是，农民遭遇农业灾害之后，农产品产量减少，价格反而可能上涨，农民收入也有可能减少。根据其制度设计，目标价格补贴却无法启动，这就失去了稳定农民收入的作用。再如，农业防灾减灾稳产增产关键技术补助政策本意是为了推广适用技术、落实联技计补，但在发放上也分为对南方早稻集中育秧、东北水稻大棚育秧和玉米"坐水种"、小麦"一喷三防"等，几乎成为某一地区某一产业的支持政策。

（三）农业新型经营主体的扶持政策相对薄弱

近年来，新型经营主体快速发展，农业经营规模不断扩大，土地流转比例不断提高。据农业部统计，我国农村土地流转比例从 2007 年年底的 5.4% 增长到 2012 年年底的 21.5%，年均增长 3 个百分点以上，但是，对新型经营主体的扶持政策还比较少，需要进一步强化。

（四）对农业可持续发展的支持需要进一步加强

我国粮食"十连增"的同时，增产的"弦"绷得过紧，给资源环境带来了一定的压力。首先，耕地质量下降。其次，农地污染严重。最后，水资源开发利用模式不可持续。在现有的补贴制度设计中，并没有考虑引导农业可持续发展，反而一定程度上加剧了部分地区资源环境的压力。

三、关于农业补贴政策改革方向和重点领域的建议

（一）明确补贴目标，探索实施目标收入补贴制度

建立农民从农业生产经营中获得稳定收入的"安全网"。在目标价格补贴确立的同时，探索建立目标收入补贴制度，稳定农民农业经营收入。尤其是，在粮食主产区和其他重要农产品主产区，根据历史单产和农作物播种面积，为农民提供单位经营土地面积的保底收入。探索建立营销贷款援助制度，由农业部门与金融监管部门共同建立能够适应我国国情的农产品信贷公司，以未来收获的农产品为抵押担保，为农民提供生产经营性贷款。

（二）转变补贴体制，提高财政支农资金使用效率

归并整合涉农资金，集中财力物力，提高农业综合生产能力。继续开展粮棉油糖高产创建，支持种粮大户、家庭农场、农民合作社、产业化龙头企业等新型经营主体开展高产示范，带动技术、管理经验等推广至小规模农户。继续健全和完善粮食主产区利益补偿机制，根据主产区对国家粮食安全的贡献，增加一般性转移支付和产粮大县奖励补助。进一步建立粮食产量、商品量和利益相挂钩的机制，使粮食生产大县财政收入达到沿海中等县市水平。

（三）调整补贴思路，建立支持"三农"长效机制

探索并完善农产品目标价格补贴制度，及时公布农产品的目标价格，尝试一次性出台未来3~5年的指导性目标价格，努力形成农业补贴随生产成本、市场形势变化的长效机制。完善政策性农业保险制度，加大保险保费补贴力度，开发以农业收入为标的的农业保险产品。加大财政投入力度，推进农业防灾减灾稳产增产关键技术补助政策的常态化，开展病虫害统防统治补贴等新

的联技计补政策试点。以政策的实施和完善为契机，促进科研、教育和推广的结合。在政策宣传和国际农业谈判的过程中，必须澄清新增补贴并没有扭曲市场，也没有向农户提供任何形式的价格支持。

（四）扩大补贴对象，促进补贴向新型经营主体倾斜

建立补贴向新型经营主体倾斜的新机制。在有条件的地方探索开展按实际粮食播种面积或产量对生产者补贴试点，提高补贴精准性、指向性。从国家农机购置补贴中划出专门资金，对农机大户和合作社进行购机补贴。采取以奖代补的方式，对部分服务范围广、操作水平高、信用评价好的农机大户或者合作社，直接奖励大型农机具或重点作业环节农业机械。探索以农业补贴作为生产经验性贷款抵押物的信贷制度，以财政部门农业补贴数据库为基础，摸清农户每年的补贴收益，建立健全相关制度。

（五）拓展补贴门类，支持农业可持续发展

科学调整农业种植结构，适度鼓励休耕、轮作，大力涵养生态环境。在东北地区特别是黑龙江省，实施轮作补贴，逐步形成"两到三年玉米，一年大豆"的科学轮作方式。在华北平原地区，以玉米等低耗水作物播种面积为补贴依据，减少水稻等耗水作物的种植。在南方部分重金属污染地区，以补贴为引导，扩大高粱等高秆、重金属吸附能力弱的作物种植。在部分生态较为脆弱和污染严重的地区，实施适度休耕补贴和退耕还林计划，科学涵养生态环境。结合生态农业发展、美丽乡村建设、畜禽养殖污染治理、测土配方施肥等重点项目，探索农家肥施用补贴，促进有机肥按土地需求均衡利用。

第五章 新型职业农民创业技能

第一节 农业种植户规模经营才能赚钱

农民不赚钱，种地收益低，似乎已经成了社会的共识。有人说：中国的户均耕地面积太少了，如果户均耕地面积增加了，农民就赚钱了。城镇化建设，农民进城，土地流转，土地集中，这些都立足于解决农民户均面积太低的问题。这种想法本身并没有问题，就是规模化效益，即规模越大效益越好。企业之所以做大，因为规模经济的存在。而恰恰在目前中国农业领域受到质疑，甚至短期内并不存在！大户的困境：规模越大越不赚钱。对于农民而言，规模化效益的产生取决于两个层面：第一，规模化种植效益是否存在？第二，规模化的经营效益是否存在？即生产的规模化和经营的规模化。成本结构"三变七"家庭农业是一个简单的生产单元（种植），经营交给"二道贩子"们，不存在规模化经营。成本结构简单：农药、种子、化肥三项成本，农民种地属于"自我雇佣"，没有计算人力成本。根据2012年关于中国家庭农场的统计数据：家庭农场的平均耕地面积在200亩左右，平均每个家庭农场有劳动力6人，其中，家庭成员4.33人，长期雇工1.68人。使用农业机械也会产生成本。此时，农业种植的成本结构就会发生变化，共分成七大项，除农药、种子、化肥，还有雇工成本、土地流转成本、机械成本、管理成本。大户的"规模不经济"。第一，土地流转刚刚开始，目前属于大户、中户、小户并存的过渡时期。较成本优势，三者的成本差异大，小户其实更具有成本优势，因为他们的成本结构不一样，大户不一定有成本优势。第二，小户种植，精细化程度一般比较高。在调查中发现，例如，种肥同播，小户农民一般不会漏播，但外聘"农业工人"则相反，同时，小户农民的粮食，偷盗者较少，大户种植，特别是商业投资的种植大户，偷盗情况很严重，甚有监守自盗的现象。第三，大户对农业灾害的抵抗能力较差。发生农业灾害如何自救？如果靠机械自救，大户的农业机械比较齐全，有一定优势，例如，水灾后排涝；如果自然灾害后完全靠人工自救，则大户并没有优势。例如，玉米遭遇风灾，需要人工扶正，上千亩的面积要花费很长时间，甚至耽误救灾时间。

大户的赚钱之道：一是规模筹码。由于具有一定的规模，使得经营信息的获取更加全面。靠降低成本增加利润很难，靠经营信息增加收入相对容易则应以增加收入为主要方向，增加收入是没有极限的。而小户农民，缺乏信息来源，只有降低成本，而成本是有极限的；且很难摆脱经济学上所谓的蛛网理论。蛛网理论通俗讲，就是农民常说的大年小年，小户是天然的跟风者，别人赚钱，就会跟着种，别人赔钱，自己也不种了，可能永远都错过大年，赶上小年。二是获取农业政策。种植大户、农民合作社、家庭农场相对于小户来说大户具有一定的规模，则能更好对应国家的政策，通过申报项目获取一定的补助。经营规模，向上游获取利润具有经营规模，能从上游获得原材料优势，或者更好的植保技术服务。如大户、合作社实行集团采购，就能够从上游获得更多的优惠政策，更有质量保证的产品或者更好的植保服务。现在的农民对待种植的作物是有病没病都打药，而且不能对症施药，在这方面，小户天然是弱项，而大户就能向上游要求更好的植保服务，在降低成本的同时，提高产量，这就是规模筹码。这个筹码可以通过家庭农场、合作社规模体现出来，目前，在农资领域就有这样的现象。如几家种植大户合伙，针对厂家采购，通过规模经营向上游获取利润。目前，农资流通环节还普遍存在县级代理、乡镇和村级零售现象，减少任何一个环节，都能够获得10%～30%的农资购买成本。经营产业链，向下游索取利润因为具有规模，种植大户可以向下游索取利润，实行全产业链经营。原来的农民只负责生产种植，由于规模小，所以，有二道贩子、三道贩子、零售等等流通环节的存在。然而，种植大户种植规模和经营能力都达到了一定的水平，即减少二批成本、三批成本，甚至是零售成本。此外，还可以实现订单农业，通过了解客户需求，合理安排种植作物的品种、规模，将不同等级的农产品分类存放，实现高附加值的销售。这是家庭农业所不具备的优势。实现农资产品的社会化，当种植面积达到一定的规模，种植大户就需要购买一定数量的农资机械，农资机械的购买会减少农户的种植成本，但由于农资机械季节性较强，必然会导致剩余产能的浪费，且配置越全面，损失就越大，如果可以实现剩余产能的社会化，大户之间相互配套，实现"我为你播种，你为我收割"的多赢组合，就会相应的减少成本，增加利润。那么，如何才能让种植大户赚钱呢？第一，必须从农资的生产者变成农资的经营者。第二，如果是大田作物，应保持合理的规模，即150～250亩；如果是经济作物，最重要的则是经营品种必须能够摆脱蛛网理论的限制。第三，了解国家农业政策，结合自身情况获取相应扶持资金。

第二节　认识农产品电子商务

今天，农产品或生鲜电商市场相对来看是蓝海市场，于是各类企业纷纷进入，多数也是从自身的优势资源切入，总览这个市场，主要有3种经营业态。

（一）农产品电商的 B2C 模式

B2C 模式是目前电商领域里最主要的经营业态，如顺丰集团的顺丰优选、本来生活网、沱沱工社等。

此类模式里又分两种经营形式，一类是纯 B2C，即自身不种植、饲养任何产品，所售卖的产品均来自其他品牌商和农场，典型代表是顺丰优选、本来生活；另一类是"自有农场 B2C"，即企业自身在某地区承包农场，亲自种植瓜果蔬菜、饲养鸡鸭牛羊等，然后通过自建 B2C 网站的方式直接销售给消费者，因此，其所售卖的产品多是自己的产品，当然为了丰富产品也会整合少量其他农场或品牌商的产品。

顺丰优选定位在高端进口食品及生鲜，价位也比较高。尽管顺丰优选不差钱，并有很强的物流配送能力，但并没有非常激进的迅速扩展，而是延续了顺丰一贯低调、稳健的做事风格，走得相对谨慎，2013 年 2 月 26 日，顺丰优选在站稳北京市场后，开通了上海、广州、深圳的业务，根据 Alexa 统计数据显示，顺丰优选单天的 IP 在 4 万左右，如果按照 5% 的平均转换率来计算，顺丰单天的订单量应在 2 000 单左右。但能否盈利和客单量并没有直接关系，取决盈利的一个重要指标是"客单价"，即客单价越高盈利的可能性越大，客单量只能依靠规模效应来降低综合成本，单天 2 000 单显然也无法形成规模效应，而客单价在 200 左右，相对其 20～30 元/单的配送成本，想盈利更是不太可能，更何况生鲜类食品还有高达 20% 甚至更高的产品损耗。

另外一类是类似沱沱工社的电商企业，其自己拥有种养基地，沱沱工社承包了约 1 000 亩农场，种植一些时令蔬菜、瓜果，并散养一些土鸡、土猪等牲畜，其用意是希望提供可掌控的健康食物，优势是可以很快的建立和消费者的信任感，但缺陷是无法满足消费者更加丰富的口味需求。况且，根据有经验的人测算，1 000亩地如果全部利用起来，生产出的产品也仅仅满足 2 000 户家庭的消费，显然市场是有限的。

同类型的企业还有菜管家等，其在上海算是比较早涉足这块市场的电商企业，除了零售之外，另外一部分盈利来源是企事业单位的福利采购，但悲观的是这块市场本身并不稳定，菜管家去年高管流失严重，生存危机从未离开过。

既然这个行业很难盈利，为什么大家还要抢破头的进入呢？在资本市场上，赚不赚钱不是首要考虑的因素，迅速获取市场份额才是商家的战略要点。

[例1]

互联网时代的"遂昌模式"

江浙地区的民营经济在我国经济发展的转型中一直走在前列，在互联网应用的大时代，这里的电子商务气息不输大城市。2012 年，遂昌县仅在淘宝网就卖出 2 亿多元的特色农产品。遂昌或许可以成为一个样本，为中国千万小县城开拓线上渠道提供参考价值，这或许是互联网时代的"遂昌模式"。

淘宝网上的"遂昌馆"、"行走时光"网店和天猫上的"遂网食品专营店"等不同风格的千余家店铺，竹炭花生、烤薯、土猪肉等特色农产品非常热销。遂昌县的村民经过培训、通过商品统一采购成为淘宝卖家，而淘宝进农村也让村民不出县城就能买到来自世界各地的商品。

2010 年年底，浙江遂网电子商务有限公司（以下简称"遂网电商"）成立，主要承担遂昌网店协会旗下如采购、物流、仓储、运营及相关场地建设等运营性投入项目。遂网电商会定期对农产品进行筛选、收购，之后再经网络销售给淘宝网、1 号店及京东上的零售电商企业。

2013 年 4 月中旬，遂昌土猪肉首次尝试生鲜产品网络叫卖就在聚划算上创造了"十分钟 500kg、3 天 1 万 kg"的团购奇迹。

而此次团购活动的组织方就是遂网电商。

通过政府搭建的电商平台，遂昌农户的生活有了巨大变化：从事电商相关工作，解决了遂昌村民的待业问题；传统商家的转型与大学生归来创业，为遂昌县带来新活力；信息流动性增强，产品品牌化也使得农户有了更高的议价能力。

数据显示，遂昌电子商务自 2005 年萌芽，从 2010 年起对县域经济的影响开始增强，网络零售中的网购额占社会消费品零售总额比例从 2.91% 上升到 9.42%。

（二）"家庭会员宅配"模式

您只需储值成为会员，就可坐享新鲜蔬菜送货上门服务，这一复制台湾的蔬菜配送模式——"康沛运"菜宅配服务现身冰城。短短时日，这一"会员菜消费"群体已增至百余人，其中，更不乏消费额万元以上的"买菜大户"。

无农药化肥鲜菜凭会员卡储值买。

"这些蔬菜是刚从山东蔬菜基地采摘下来的，这还有当地检测部门开的检测报告，都是没有化肥和农药的新鲜菜。""康沛运"运营总监廖秋钦介绍说。在台湾从事蔬菜宅配营销 12 年，2012 年 11 月，哈尔滨天顺生态农业投资有限公司开展"康沛运"蔬菜宅配服务，并请来廖秋钦及其团队管理。廖秋钦说，"康沛运"目前有三处蔬菜基地，冬季配送蔬菜以山东昌乐蔬菜基地为主，其他季节从省农科院现代农业示范区以及天顺生态农业种植基地选购、采摘蔬菜。

廖秋钦告诉记者，"康沛运"蔬菜"宅配"的销售模式是会员制，通过会员卡储值换取相应点数，用点数买菜。一点换一箱菜，够一个三口或四口之家吃一周的。对应的价格在 200 元左右。定期还会为会员送上世界各地的美食特产。"根据营养搭配，即使在冬季我们也有 60 多个品种的蔬菜供选择。"此外，蔬菜配送采取专人、专车、专区负责制，工作人员对应固定会员，如会员感觉哪种菜不喜欢吃，管家还会做出有针对的调整。

这类模式严格意义上并非是纯电商模式，其主要是通过家庭宅配的方式把自家农庄的产品直接配送到家庭会员。首先要形成规模化种植及饲养，其次通过官网发布产品的供应信息，最后会员可以通过网上的会员系统提前预订，今后需要的产品，待产品生产出来后就可以按照预定需求配送到家了。因此，这类模式的主要盈利来源并非零售，而是来自家庭会员的年卡、季卡或月卡消费。此类模式的典型代表是多利农庄、一亩田、忠良网等。

多利农庄的创始人为张同贵先生，最早在上海经营多利川菜馆，5年前将几十家川菜馆整个卖掉，之后便揣着资金进入了农业种植业，先是在浦东大团镇取得了1 750亩的农地，然后经过3年的土质转换后，便种植起了有机蔬菜。而至今，多利已经把触角伸向了全国各地，已整合北京、上海、云南、浙江等7个生产基地，规模达数万亩，因为模式相对固定，盈利模式清晰，多利已先后获得了两轮资本融资，总计在4 000万美元左右，并正在积极洽谈第三轮融资。然而，多利并非已经盈利，多利本质是继续扩大市场规模，缜密的布局农业全产业链，其欲做全国最大的有机食品生产商和宅配供应商，其目标在资本市场，上市是其终极目标。为此，多利农庄不惜血本聘请外籍高管，请来各类种养专家，以增强自身的软实力，并花费巨资建立现代化的冷库、恒温室、流水作业台等，自建冷链物流体系等，这些固定资产的投入是一次性和阶段性的，想要凭借销售蔬菜来打平成本几乎不可能，所谓"项庄舞剑意在沛公"，未来的市场才是其想要的。

上海的一亩田、深圳的忠良网均是类似模式，这类模式挑战的是资本和扩张速度，如果没有密集的资本投入，只能在盈利和规模之间做个取舍，显然大多数企业均没有多利的运气和能力，只能在追寻盈利的路上慢慢尝试。

（三）"订单农业"模式

这种业态最早来自美国，其称谓 CSA（社区支持农业），而我们的方式还不完全属于这类方式，姑且称为"订单农业"。

现在新兴起来的订单式农业因其特有的产销模式，深受广大农户的信赖与好评。订单农业想农民之所想，采用正确的方式方法有效的解除了农民的后顾之忧，更好地体现了现代农民的进步思想及现代化发展步伐。订单式农业采用特有的产销模式，将是未来带动农民发展致富的主要形式及方法。

目前在上海、北京等一线城市，有不少小型农场经营者均在尝试此类方式，例如，上个月在上海崇明有两位崇尚天然种植的经营者就在接受预订夏天的西瓜，50kg 起订，10 元/kg，配送费用另外计算（或到指定地点自提），消费者需要事先支付一定的订金，待西瓜成熟后便配送给消费者。

这类经营者受规模所限，并没有投入巨资建立电商平台，多是依托在淘宝网的 C 店进行销售。这类经营方式的最大卖点，是经营者承诺用最天然的方式种植，不打农药、不施化肥、不加生长素等，因此在你信任产品之前需要先了解和信任经营者，但同时你也需要承担相应的种植风险，即不管今后天气是旱是涝，种出来的西瓜你都需照单全收。

[例2]

农产品"私人定制"渐风行

在济南市历城区董家镇张而村盛产牛奶草莓的大棚里，记者见到了敢于创新的种植户刘明兄弟二人。

记者注意到，周末前来采摘草莓的家庭不在少数。奇怪的是，这些家庭都是在不同的地块里各自采摘着。在刘明解释后记者才明白，原来这些家庭都有属于自己的、各自标号的草莓种植采摘区域。

　　"我们从去年开始尝试对一部分大棚里的少量草莓区域进行出租。考虑到草莓的生长特性，目前还是由我们进行种植和管理，家庭可以参与的是游玩和采摘。"在刘明的实践中，大棚里的草莓一点点被"出租"了出去。

　　"草莓在运销过程中很容易受到挤压和损伤，一旦'破相'，销售就会受到影响。我们就干脆直接让消费者认领好草莓地，成熟后，大人和孩子不仅能享受到田园风光和干农活的乐趣，也为我们减少了一定的销售环节，还能保证利润。"刘明说。

　　除了果蔬的订单式消费，目前，还有对养殖类和水产类产品的"认养"。在济南南部山区，记者跟随济南某化妆品公司的老板李元去看了他们家鸡蛋和禽类的"来源地"。

　　"妻子去年生了宝宝，我们对牛奶、鸡蛋和肉类的安全问题非常重视。于是就在朋友的推荐下，认识了养殖户老卢。"虽然超市里的有机、绿色等产品也有质量保证，但李元一家人认为，老卢饲养出的鸡蛋和禽类，吃起来味道和超市里的不一样。

　　据了解，像李元这样"认养"猪、禽类的消费者，目前，在都市有不少。他们具备一定的消费能力，喜欢天然的食品，更注重食品的味道。"因为李总的介绍，我有了不少客户。我们村里很多村民都看好认养这个生意模式。直接将客户拉到自家，收入更有保障。"老卢是"订单式"农产品养殖的受益人，今年准备扩大生产，多拉几个像李元一样的城市客户。

　　目前的订单式农业离不开农户的土地托管，现在的农耕地分散式管理对订单农业需要的规模化，统一化，整体化，节约化都有部分局限性，所以，想要更好地实现订单式农业的发展效益及规模，最好利用农户的土地托管办法。形成规模的订单式农业将会是主流趋势及农业发展的大方向。

　　走进山东省博兴县湾头村，手机 WiFi 列表自动刷新出一长串信号名称。无线网络"一搜一大把"的背后是该村几乎每家都开网店卖草柳编工艺品，可谓是家家做淘宝、户户是电商。有想法、敢创新、会经营，这是湾头村的农民网店主们留给记者最直观的印象。贾培晓是村里最早一批网店主之一，他经营着一家名为目暖家居草编的网店。走进贾培晓家中，就如同到了一个巨大的仓库，各种藤编织品、包装袋、纸箱盒子统一摆放在一个区域里。办公区域里，工作人员在电脑前忙碌地处理着来自全国各地的订单。贾培晓2006年开始就尝试着在网上卖货，2008年开始在网店里卖草编。开始时只有他妻子一人做客服，随着生意的红火，员工规模扩大，营业额也眼看着蹭蹭地涨，2011年达到300万元，2012年达到500万元，2013年达到800万元，2014年已突破1 000万元。来自菏泽市的"90后"程潇在店里负责售后和打单工作。她在大学主修的是艺术设计，2012年，毕业来到湾头村，从事淘宝网店工作已近3年。她说，"在网店工作不仅是解决了就业，还开阔了我的眼界。""感谢互联网为我们创业提供了好平台。"湾头村村支书安宝忠也有丰富的网店经验。他介绍，湾头村一直有草柳编的传统。2002年之前，主要做出口，后来外贸市场萎缩，开始尝试内销。2008年后，村民开始在淘宝网开店，并逐渐形成规模。目前，全村的淘宝网店有500多家，年销售额在100万元以上的有几十家。从原来的出口加工基地，到现在的"淘宝村"，村民们的腰包越来越鼓。草柳编的山东博兴湾头村、盛产羊绒制品的河北清河东高庄、浙江义乌青岩刘村……一个个如雨后春笋般迅速涌现的"网店村"已成为我国农村电子商务一道亮丽的风景线。

《农村电子商务消费报告》显示，农村消费占网络零售平台的比例已经从2012年的7.11%上升到2014年的9.11%。目前，全国农产品电商平台已逾3 000家，农产品网上交易量迅猛增长，涌现出一批"淘宝县"和"淘宝村"。"发展电子商务等互联网产业，对于促进农村传统产业和新兴产业融合发展，减少流通成本，激励创业、扩大就业意义重大。"中国农科院信息所副所长王文生说，互联网不仅为农民的农业生产和农民生活提供方便，还使得农民的经营活动变得更有效率。将农村传统创业与现代电子商务营销方式结合，不仅经济效益迅速增加，对农民增收致富的效果也很明显，同时，还解决了创业投入成本过高的问题。农业部市场司司长张合认为，下一步，我国将积极筹备开展电子商务示范工程建设，促进农业经营信息化。主要包括鼓励发展农产品电子商务，重点支持优势农民专业合作社与市场的高效对接、各种农产品电子商务运营模式与技术的应用、农业经营大数据中心平台的构建等核心工程。

第三节　创建农产品品牌

农产品和一般的工业产品不一样，没有许多种品牌模式，一般来说，农产品的品牌有以下 4 种模式：产地品牌、品种品牌、企业品牌和产品品牌。

（一）农产品品牌的产地品牌

农产品品牌的产地品牌指拥有独特的自然资源以及悠久的种养殖方式、加工工艺历史的农产品，经过区域地方政府、行业组织或者农产品龙头企业等营销主体运作，形成明显具有区域特征的农产品品牌。一般的模式是"产地＋产品类别"，如"西湖龙井"、"库尔勒香梨"、"赣南脐橙"等，该类品牌的价值就在于生产的区域地理环境，至于是这个区域哪家企业生产的，并不重要。一般这种有特色的农产品产品品牌都已注册地理标志，受《中华人民共和国商标法》的保护，是一种极为珍贵的无形资产。

（二）农产品品牌的品种品牌

这是指一个大类的农产品里的有特色的品种，既可以成为一个品牌，也可以注册商标。例如，前面提到的"水东鸡心芥菜"就是一个农产品品牌的品种品牌。有的品种到现在为止还没有注册成品牌，但是，也广为人知，如红富士苹果。农产品品牌的品种品牌一般的格式是"品种的特色＋品类名字"。例如，"彩椒"就是彩色的辣椒，这是外观的特色；"糖心苹果"就是很甜的苹果，这是口感的特色；"云南雪桃"是文化特色等，只要产品有特色，都可以注册成商标，也便于传播。

（三）农产品品牌的企业品牌

农产品品牌的企业品牌指以农产品企业的名字注册商标，作为农产品品牌来打造，例如，前面提到的中粮和首农就是农产品企业品牌，打造的是农产品企业整体的品牌形象。农产品品牌的企业品牌可以用在一个产品上，也可以用在多个产品上，例如，"雀巢"这个企业品牌，有"雀巢"咖啡、"雀巢"奶粉、"雀巢"水等。对于农产品流通领域来说，还有一种渠道品牌，也属于企业品牌这一类。渠道品牌就是一个渠道的名字，例如，"天天有机"专卖店，里面卖的都是有机绿色食品，店里可以有几百个甚至上千个的产品品牌。

（四）农产品品牌的产品品牌

农产品品牌的产品品牌指对于单一一个或者一种产品起一个名字，注册一个商标，打造一个品牌。例如，大连韩伟集团的"咯咯哒"鸡蛋。这种模式大家日常生活中比较常见。

（五）4种农产品品牌模式的关系以及运用

农产品的4种农产品品牌模式看似都有可行之处，都有成功的范例，但对农产品企业来说，这4种农产品品牌模式的关系怎么处理，又怎么运用呢？

第一，农产品品牌的产地品牌是农产品企业最大的无形资产。

对于立志进行区域特色农产品产业化的企业，产地品牌是必不可少。首先，农产品的本质是"农"，其品质和区域的地理自然环境紧密相关。其次，在消费者心里，好的区域自然环境就是好农产品的产地，这样就很容易告诉消费者，消费者也会容易相信。最后，一个产地品牌具有整合区域生产资源的能力，因为消费者只认这个产地的牌子，农产品企业也就更容易做大做强。

所以，对于农产品企业来说，一旦有机会，一定要想方设法注册产品地理标志。打造产地品牌的方式可以通过成立协会，也可以申请政府授权。

据不完全统计，目前中国的地理标志产品大概有1 000多种，而有条件和有资格申请的特色农产品就有16 000余件，只占不到10%，这就意味着，至少还有90%多的优质产地品牌资源可以去注册。

任何一种农产品都有差异化，有差异化就可以申请产地品牌，萝卜白菜不管种在哪里，都可以申请地理标志产品，可以有北京的"大兴萝卜"，也可以有广西的"横县萝卜"，可以有青海的"西宁萝卜"，也可以有西藏的"林芝萝卜"。产地品牌在大部分农产品、大部分地区都可以打造。当然，在实际打造过程中，还要看这个品种是否能在这个区域做出特色出来。

第二，农产品品牌的品种品牌对于农产品企业也很重要。

很多种养殖企业为了显示自己的品种好，一般就说自己是"××1号"，好像占了第一就是最好的，问题是甲企业说自己"1号"，乙企业也说自己是"1号"，只不过每家的"1号"不同而已。同时，"1号"代表什么，如果没什么内涵，消费者听了也白听，没有特别的感受。

"品种特色+品类名字"这样的品种命名规则才是农产品企业打造专有品种及品种品牌的利器。现状是很少有人把一个品种的名字作为一个品牌来打造，这里就有一个思维误区的问题，大家都把企业名字作为品牌来打造（企业品牌），或者给产品另外取个好听的品牌名字（产品品牌），而没有把握住农产品的品质本质上来源于品种，占领了品种品牌资源，企业就相当于告诉消费者，本企业的产品就是最好、最有特色的。

第三，产地品牌统领，品种品牌特色，企业品牌和产品品牌备用。

这是农产品企业做好品牌规划的不二法门。能注册产地品牌的，能注册地理标志的，一定先注册地理标志。地理标志大家都用的时候，再考虑是在政府或者行业地理标志下，注册品种品牌，用品种品牌打造区域产品品牌里的特色品牌。只有在前面两种不合适、不可行的情况下，才考虑打造企业品牌和产品品牌。

一个农产品产品品牌下面可以有很多品种品牌、企业品牌和产品品牌，一个农产品企业品牌下面也可以有很多产品品牌，各种农产品品牌模式下的品牌类别可以交叉，这就是四种品牌模式之间的关系。

当然，以上见解仅是从行业、市场营销实践和农产品企业的角度考虑。在此强调的是，对于中小农产品企业来说，前面所述的模式是最省钱的，也是最快速的农产品品牌打造之路，也是区域农产品实现产业化之路。

[案例1] 地理标志商标兴农案例

北京"门头沟京西白蜜"

门头沟京西白蜜产于北京市门头沟区。"门头沟京西白蜜"地理标志在 2009 年年底注册成功后，成为北京市第七个原产地证明商标，而京西白蜜的收购价格由原先的每千克几元上涨至每千克几十元，蜂农的人均年收入由注册前的几千元提高到注册后的上万元，增长幅度大大提升。2012 年，全区蜂农生产的 85 000kg 京西白蜜增收近 60 万元。门头沟京西白蜜填补了北京高档蜂蜜的市场空缺。

福建省"福鼎槟榔芋"

福鼎槟榔芋产于福建省福鼎市，福鼎市于 2003 年成功注册"福鼎槟榔芋"地理标志证明商标。

"福鼎槟榔芋"地理标志注册后，福鼎槟榔芋种植快速发展：槟榔芋的种植面积由 1.05 万亩扩大到 3 万亩，产量由 0.9 万 t 升至 3 万 t，单价由 1.8 元/kg 升至 4.0 元/kg，产值由 0.18 亿元升至 1.56 亿元，形成 7 家槟榔芋加工企业，年产值 1.5 亿元，使福鼎槟榔芋整个产业年产值达 3.06 亿元，从业人员达 1.5 万人。

甘肃省"平凉金果"

平凉金果产于甘肃平凉市即崆峒区、泾川县等 34 个乡镇。平凉是农业部划定的全国苹果生产最佳适宜区，其纬度、海拔、年均气温、昼夜温差、降水量以及年平均日照时数等气候条件非常适宜果品生产。

"平凉金果"地理标志商标注册后，身价从注册前的每千克 1.1 元上升到注册后的每千克 2.1 元，增长 91%；农民人均收入由注册前的 558 元上升到注册后的 730 元，增长 30.8%，占农民总收入的 30.2%；年销量 53 万 t，其中，出口 6 000t，销售额 11 亿元；占当地农业产值的 39.5%；从业人员 25 万，占总人口总数的 12.63%。

江苏省"射阳大米"

江苏省射阳县气候属海洋性湿润气候，夏季冷暖空气交汇频繁，秋季光照足、无霜期长；境内土壤为滨海盐渍型水稻土，钾含量异常丰富，蓄水透气性能好，自然环境尤宜水稻种植。独特的气候环境、丰富的水土资源和先进的种植技术成就了"射阳大米"。

射阳县大米加工业已形成 16 亿元的产值规模，大米加工业税收比以往增长了 6 倍,"射阳大米"的附加值逐步显现,市场销价高于普通大米每公斤 0.10～0.20 元,最高可高出 0.40 元,稻谷也高出外地 0.20 元左右,粮农也因此年增收近亿元。

重庆市"南川方竹笋"

南川方竹笋产于重庆市南川区海拔 1 000～2 200m 的国家级自然保护区金佛山上。该地域独特的生态环境和良好的自然气候条件孕育了我国独有、世界一绝的"南川方竹笋",形呈四方,有棱有角,是纯天然的山珍佳肴,被誉为"竹笋之冠"。

"南川方竹笋"年产 1.5 万 t 以上,占全国方竹笋总产量的 42.8%,当地直接从事生产的农民超过 5 万人,一年为当地带来 1.8 亿多元的收入。方竹笋业的蓬勃发展,还带动了当地汽车运输、饮食加工等产业的发展,直接受益者达 20 多万人。产品畅销北京、上海等大中城市,并远销美国、日本等国家。

[案例 2]

"铁棍山药"品种品牌之争

2007 年 11 月 26 日,郑州市工商局经济检查支队从郑州市经四路一家烟酒名店内查扣近千件铁棍山药,理由是"铁棍"已经被一家企业注册为山药商标,其他山药都不能再叫"铁棍山药"了。不少经营者发出疑问:"作为一种闻名遐迩的地方特产,铁棍山药商标该否被一家企业'独占'?"

伟康公司负责人康明轩认为"严格来说是这样的"。对于被查扣山药的经销商的质疑,康明轩表示:"'铁棍'的名字是我们起的,已经被我们注册了,其他的企业就不能再用这个名字。"

而当地人则认为铁棍山药只是怀山药的一个品种名称,不是一个商标。

事实上,铁棍山药这一个品种已被注册成了一个特产商标。

第四节　选准农产品流通渠道

当前农产品的现实情况是什么呢？经常是上游种植产品出来了，但是卡在了销售这一环节。为什么卖不出去？症结在于渠道的错位。一个品牌化的产品，需要选择一个品牌化产品的渠道。今天一起来分析一下中国农产品渠道到底有多少，每个渠道的现状是什么样子，未来有什么样的发展趋势？先分类来看一下各个渠道的细分，特别是渠道对我们运作品牌农产品的机遇是什么。我们把渠道分成了批发、商超、餐饮、专卖店、电商、会员制等领域。

第一个渠道：批发市场。批发市场的模式非常简单，产地流转到集散地，然后再到农贸市场、餐饮店，最后到消费者的手中。该渠道以大宗农产品为主，如白菜、大蒜、茄子、西瓜、苹果等，交易具有显著的季节性，所供应产品一般以当季蔬菜、水果为主。不能否认的是，批发现在仍然是农产品一个主渠道和基础渠道。目前，我们农产品主要还是通过这个渠道分销到千家万户中去。比如说，北京新发地，新发地去年交易量 1 400 万 t，交易额 500 多亿元，每天有 1.6 万 t 的蔬菜和水果通过新发地流转到北京周边。批发市场未来和我们品牌农业结合点在什么地方呢？我们看到整个批发渠道在分化，一方面是渠道的分化，例如，我们在新发地也好，其他农贸市场也好，能看到一些精品区、专业区在出现，再如，加工蓝莓等精品水果区，在新发地也开始有陈列；另一方面是渠道分化之后一些高端水果专卖店也开始到批发市场来进货，获得这些产品。我们还发现在批发市场中它的一些商户也在发生分化，过去批发市场中的叫"坐商"，只等别人来提货，不去做主动的推广，我们在拜访过程中发现不少人从坐商转型，主动去拜访下游客户，给下游客户提供选择，走出去之后让这些经销商可以转化成我们品牌农产品的运营商，这就是我们对批发市场的判断。

第二个渠道：商超。这无疑是展示农产品的好平台，不论是初加工的产品还是深加工的产品，品牌的产品在这个舞台上呈现的越来越多超市具有规模化、连锁化、集约化的特征，比较适合我们品牌类产品的销售，除了包装食品之外包括我们一些保留的原生态的农产品也会在这个渠道重视和做一些品牌，那么像米面油也非常成熟，超市成为这些的主要消费渠道。商超有这样一个好处，同样也有一些弊端，就是进入门槛比较高，同样还有一点对运营主体，不论是企业还是商铺，你的运营能力和组织化考验非常大，会很容易陷入隐性亏损。

第三个渠道：餐饮。餐饮实际上是我们农产品非常主要和非常大众的一个消化渠道，我这里有一个数据，我们以粮食、果蔬、肉类为例，我们整个粮食果蔬销售量是 20% 的比例，是在餐饮渠道完成的，肉类更高一些，肉类的消费总量是 40% 在餐饮渠道完成的。大家可以看一下去年 3 万多亿，整个农产品在餐饮渠道中的消费占比多么的高。这里面有很多难题，例如，进入渠道非常难，这个渠道有很多灰色的链条，再如，行政总厨、包括老板、采购经理，需要我们经过公关来搞定，难度比较大，因为一个餐饮店需要品种比较多，而且需要周期比较长，大部分企业并不具备这样的能力。第一是账款的风险比较大，这里也有一个统计数据，北京每个月有 8% 的餐馆关门或者是转让。餐饮渠道本身在需求方面有这样一个发展趋势。一个是不少餐饮企业自建终端，为了保持原料的新鲜和品质，而自建一些基地。第二是严格采购来降低成本。第三是工业初化产品在餐饮业占比越来越大，过去是自己加工，现在大量引进相对标准化的成品半成品，给我们农业企业带来比较好的机会。

江苏有一个叫康达饲料的企业，他通过给餐饮业供小龙虾、熟食达到了一个亿的规模，他给餐饮店一个模式，过去餐饮店主要是做生鲜类的产品，引进生鲜的小龙虾加工之后卖给消费者，耗费了很多成本，现在有一个标准化的公司给你供应标准化的产品，降低餐饮业的采购成本和厨师成本，企业和餐饮店用分成的方式产生一个多亿的销售额。这是从过去单独卖产品到给餐饮店提供一些解决方案。

第四个渠道：专卖店。通过专卖店成就了一些农产品品牌，比如说好想你大枣。专卖店的特点是什么呢？兼具销售、品牌展示和消费者凝聚等几个功能。比如说这几年比较成功的是一号土猪，它是用5年期间开了500多家门店，有的是独立的门店，有的店中店，销售额达到5个亿，壹号土猪成了一个品牌。一号土猪专卖店好想你大枣同样也是，通过这种占位品牌，通过专卖店打造。好想你的定位是以礼品和女性消费为主，在全国高峰的时候建立了2 000~3 000家专卖店。但最近几年出现了一些状况，就是店的生存力开始下降。例如，它面临这样一些冲击，一个是来自成本的冲击，房价在不断的涨，人力在不断的上涨，让单店的产出开始和这个成本相比不成比例，另外一点也是大家习惯的变化，不少白领开始在网络上通过电商渠道来购买大枣，让好想你店的销售下滑。这种情况让我们思考专卖店未来的趋势到底是什么？如何和区域消费者来做进一步的结合？

第五个渠道：电商。这是我们大家普遍关注的一个渠道，我们也可以说电商是我们渠道的下一个发展方向。通过电商售卖农产品的方式主要有B2C和C2C。B2C是企业面向消费者，例如，这种平台。这个平台受到了销售者和企业的广泛关注，但实际上作为平台来说盈利起来有一定的难度，近几年大家知道优菜网在经营上出现一些问题，优菜网创始人就说很多农产品电商是败在生生鲜电商操作的复杂性上，没有稳定的或货源，不能给消费者提供更好的购物体验。另外一种模式是C2C的模式，作为农户来说自己在网络平台上店，给消费者提供服务，实际上是我们小农经营方式的网络化体现，也很难解决农产品的标准化、品牌化的问题，投诉率相对比较高。我们电商线上和线下体验的结合，有可能会解决好农产品的营销，例如，出现产业链上的一些问题。

第六种渠道：会员制。这个渠道重视圈子营销、黏住用户。这里面有一个比较成功的案例，就是北京正谷，我们把它总结成一网两端的模式，一网就是正谷的交易网，两端是基地端和客户端，那么控制了许多优质的产品生产基地，把这两边掌握了，通过线下的活动，线上的网络广告产生了会员和礼品卡的销售，后台可以进行配送。在比较短的时间内积攒了2万~3万的用户，同时，我们看到正谷这种会员制的模式同样也有瓶颈。第一是如何通过成本期，大部分企业在没有足够会员支撑的情况下就倒掉了。第二是能不能有真正好产品，往往企业在开发会员的时候有很多产品，在有了会员之后因为服务质量下降，带来投诉和退出的比例增加。第三是怎么来提升客户的黏性，我们知道管人是最难的事，管人心是难上加难，另外，就是大部分会员制的产品价格普遍片偏高，因为会员数量有限。

1. 品牌农产品如何选对渠道

为什么有的品牌产品没有好的销量，就在于你没有选对渠道，怎么运用互联网思维来进行渠道选择，什么是互联网思维？简单点就是用户思维，如何根据消费者的习惯结合你企业自身资源来决定你企业到底采用什么样的渠道模式来完成产品销售。

我们简单汇总了这样几点，如果你的企业规模化程度非常高，但是精细化程度比较低，你可以定义为某某原料的专业供应商，做这样一个战略，和下一个企业进行深度合作，最近我们去新疆考察，新疆有不少的种粮大户，一种就是几十万亩的，规模很大，但是缺少深加工的能力，他们是想选择跟一个开发商合作，他们做的就是让自己的原料基地尽量规模最大，品质最好，这就是一个出路。

如果说企业规模比较大，精细化程度比较高，产品物理特征比较明显，而且目标消费者以城市市民为主，如果是这样的形态我们建议商超渠道当然是你的首选。如果说企业的规模也不大，但是你的产品区域特征比较明显，就是一个区域特色的载体，例如，枣在华北大家对枣喜闻乐见，那么这样的企业就比较适合运作专卖店的模式。如果说你的产品能够通过策划也好，通过产品本质的挖掘也好，能够讲故事，能够迎合消费者的心理，所以，你可以在网络上通过这个网络活动之后，在互联网上进行销售，甚至可以进行预售。如果说打乱这样的思维习惯，你拿到菜市场去卖，能不能卖？即使卖一两块钱跟其他产品没有差异，我们可以用互联网思维来决定你的产品到底选择什么样的渠道。

2. 成长型企业从渠道品牌开始做起

让我们展望一下未来渠道到底是什么样子。未来农业企业如何从一个小企业变成一个可以复制的，能够上规模的大企业。我们提第一点叫成长型企业从渠道品牌开始做起。大部分企业有品牌意识，但是做品牌有时候是个奢侈品，现在没有足够的能力、钱来打造品牌，虽然说互联网可以让我打造品牌成本降低，但还是有很多问题，我们可以把品牌分成 3 个层面，第一个是老板和员工心中的品牌，很多企业如果你自己都不爱吃能不能做成全国一流性的产品？很难！第二是渠道合作伙伴心目中的品牌，就是你这个品牌合作伙伴愿不愿意卖，愿不愿意冒着亏损的风险。第三个层面是你的产品品牌是消费者心目中的品牌。在这里举一个案例，是来自于北京科尔沁牛肉的案例，如果我们现在正是处于成长期的企业，可以通过先做渠道品牌这样一个方式来完成自己的战略，科尔沁大家都知道是一个高附加值牛肉的品牌，他在北京的经销商叫许波，这个经销商老板是女同胞，她原来是银行经理，也非常认同科尔沁的企业理念，在和科尔沁老板做交流之后对科尔沁产品非常认可，所以，义无反顾的代理了科尔沁产品，在运作的初期这个老板每天自己背着牛肉去下游做推销，目前在牛肉行业她只做科尔沁一个品牌，年销售将近一个亿。所以，我们说如果是一个成长的企业可以通过激发渠道合作伙伴的热情，把他的资源和企业资源进行连接。

3. 农产品渠道的跨界和融合

在未来的渠道方面还会出现一个典型的现象，就是跨接和融合的趋势，我们很难再分清到底是什么是批发渠道，什么是线上什么是线下，前提是主要能够给消费者提供更好的产品，就可以跟这些渠道进行重组和打包。例如，獐子岛跨界这个营销案例，在 2008 年我们和獐子岛提出了跨界营销的理念，把獐子岛这个产品引入到酒类和高端食品的销售领域来，过去的水产和这个食品是不搭界的，獐子岛销售迅速达到了几十亿，完成了外销和内销的转型。另外，我们说中国的农产品，或者说食品行业正在完成一个转化，从吃饱到吃好的转化，过去几十年我们解决了吃饱问题。在吃饱之后消费者希望吃好一些，而且吃出一些情调，这时候就需要我们对过去的供应链进行一些重构，过去供应链是以吃饱目的来构建的，未来要围绕吃好重新构建我们的供应链，所以，我们提出的"厚力多销"的理念，过去说是薄利多销，"厚利多销"是你能够给消费者提供很多价值，消费者愿意为这个价值取买单，这个高附加值的品牌塑造重做供应链。这方面国内企业正在进行深入探索，但是国际上也有成型的案例。就是我们今天提到的佳沛的案例。同样是猕猴桃，中国还是老祖宗，中国和新西兰差别很大，新西兰猕猴桃 50 元/2 个，咱们中国 10 元/kg，而且新西兰的佳沛，1997 年的时候，新西兰官方组织更名为新西兰奇异果行销公司，同时，它注册了佳沛，作为整个产品唯一的品牌。而且很聪明，把奇异果注册了，让奇异果成为一个新的品类，这个公司开始规划全球的拓展计划，并且规划如何建立全球的供应链和销售链，避免价格战，然后建立一个新的供应链。一个是他有一致性的包装设计，并且在亚洲每年投入到这个品牌建设的费用占到消费的 10%。他做了 4 个统一，统一规划销售渠道，统一种植与研发，统一冷链物流管理和统一果农的共享利益。统一种植是掌握了种植技术和种子资源，统一规划销售渠道，特别是经销商的管理，避免了像我们国内农产品一样互相杀价，他是杜绝窜货等行为。统一冷链物流管理，佳沛独自来统一规划控制冷链和冷酷的配比来降低物流的成本。在中国还有一个问题，我们的竞销者和种植者的矛盾无法解决，佳沛是和农民一体化的利益。这是 2 700 多个果农一起组织的，所以，佳沛这个公司其实也是为这 2 700 多个股东在打工，解决了经营者和种植者之间的矛盾，这就是我们分享的佳沛的案例。

在未来只有你掌握了生产和流通两个过程才是真正意义上的大企业。关于品牌农业市场，我们希望未来在和在座各位朋友结合两点，一个是如果现在你的销售渠道比较欠缺，想拓展销售渠道，销量翻番的话，可以做进一步的探讨，在一个是向深加工转化，有产品资源，有农业种植资源，想做深加工转化的，可以进一步商讨。

第五节　了解农产品"三品一标"

无公害农产品、绿色食品、有机农产品和农产品地理标志统称"三品一标"。"三品一标"是政府主导的安全优质农产品公共品牌，是当前和今后一个时期农产品生产消费的主导产品。纵观"三品一标"发展历程，虽有其各自产生的背景和发展基础，但都是农业发展进入新阶段的战略选择，是传统农业向现代农业转变的重要标志。

无公害农产品发展始于 21 世纪初，是在适应入世和保障公众食品安全的大背景下推出的，农业部为此在全国启动实施了"无公害食品行动计划"；绿色食品产生于 20 世纪 90 年代初期，是在发展高产优质高效农业大背景下推动起来的；而有机食品又是国际有机农业宣传和辐射带动的结果。农产品地理标志则是借鉴欧洲发达国家的经验，为推进地域特色优势农产品产业发展的重要措施。农业部门推动农产品地理标志登记保护的主要目的是挖掘、培育和发展独具地域特色的传统优势农产品品牌，保护各地独特的产地环境，提升独特的农产品品质，增强特色农产品市场竞争力，促进农业区域经济发展。

（一）无公害农产品

　　无公害农产品是指产地环境、生产过程、产品质量符合国家有关和规范要求，经认证合格获得认证证书并允许使用无公害农产品标准标志的直接用作食品的农产品或初加工的农产品。无公害农产品不对人的身体健康造成任何危害，是对农产品的最起码要求，所以，无公害食品是指无污染、无毒害、安全的食品。2001 年农业部提出"无公害食品行动计划"，并制定了相关国家标准，如《无公害农产品产地环境》《无公害产品安全要求》和具体到每种产品如黄瓜、小麦、水稻等的生产标准。目前，我国无公害农产品认证依据的标准是中华人民共和国农业部颁发的农业行业标准（NY5000 系列标准）。

（二）绿色食品

　　绿色食品是指产自优良环境，按照规定的技术规范生产，实行全程质量控制，无污染、安全、优质并使用专用标志的食用农产品及加工品。农业部发布的推荐性农业行业标准（NY/T），是绿色食品生产企业必须遵照执行的标准。它以国际食品法典委员会（CAC）标准为基础，参照发达国家标准制定，总体达到国际先进水平。

绿色食品标准分为两个技术等级，即 AA 级绿色食品标准和 A 级绿色食品标准。

AA 级绿色食品标准，要求生产地的环境质量符合《绿色食品产地环境质量标准》，生产过程中不使用化学合成的农药、肥料、食品添加剂、饲料添加剂、兽药及有害于环境和人体健康的生产资料，而是通过使用有机肥、种植绿肥、作物轮作、生物或物理方法等技术，培肥土壤、控制病虫草害、保护或提高产品品质，从而保证产品质量符合绿色食品产品标准要求。

A 级绿色食品标准，要求生产地的环境质量符合《绿色食品产地环境质量标准》，生产过程中严格按绿色食品生产资料使用准则和生产操作规程要求，限量使用限定的化学合成生产资料，并积极采用生物学技术和物理方法，保证产品质量符合绿色食品产品标准要求。

（三）有机食品

有机食品是指来自于有机农业生产体系。

（1）有机农业。有机农业的概念于 20 世纪 20 年代首先在法国和瑞士提出。从 80 年代起，随着一些国际和国家有机标准的制定，一些发达国家才开始重视有机农业，并鼓励农民从常规农业生产向有机农业生产转换，这时有机农业的概念才开始被广泛接受。尽管有机农业有众多定义，但其内涵是统一的。有机农业是一种完全不用人工合成的肥料、农药、生长调节剂和家畜饲料添加剂的农业生产体系。有机农业的发展可以帮助解决现代农业带来的一系列问题，如严重的土壤侵蚀和土地质量下降，农药和化肥大量使用给环境造砀污染和能源的消耗，物种多样性的减少等；还有助于提高农民收入，发展农村经济。据美国的研究报道有机农业成本比常规农业减少 40%，而有机农产品的价格比普通食品要高 20% ~ 50%。同时，有机农业的发展有助于提高农民的就业率，有机农业是一种劳动密集型的农业，需要较多的劳动力。另外，有机农业的发展可以更多地向社会提供纯天然无污染的有机食品，满足人们的需要。

（2）有机食品。有机食品是目前国际上对无污染天然食品比较统一的提法。有机食品通常来自于有机农业生产体系，根据国际有机农业生产要求和相应的标准生产加工的，通过独立的有机食品认证机构认证的一切农副产品，包括粮食、蔬菜、水果、奶制品、畜禽产品、蜂蜜、水产品等。随着人们环境意识的逐步提高，有机食品所涵盖的范围逐渐扩大，它还包括纺织品、皮革、化妆品、家具等。

（3）有机食品判断标准。

有机食品需要符合以下标准。

①原料来自于有机农业生产体系或野生天然产品；

②产品在整个生产加工过程中必须严格遵守有机食品的加工、包装、贮藏、运输要求；

③生产者在有机食品的生产、流通过程中有完善的追踪体系和完整的生产、销售的档案；

④必须通过独立的有机食品认证机构的认证。

有机食品与其他食品的显著差别在于，有机食品的生产和加工过程中严格禁止使用农药、化肥、激素等人工合成物质，而一般食品的生产加工则允许有限制地使用这些物质。同时，有机食品还有其基本的质量要求：原料产地无任何污染，生产过程中不使用任何化学合成的农药、肥料、除草剂和生长素等，加工过程中不使用任何化学合成的食品防腐剂、添加剂、人工色素和用有机溶剂提取等，贮藏、运输过程中不能受有害化学物质污染，必须符合国家食品卫生法的要求和食品行业质量标准。

有机食品在不同的语言中有不同的名称，国外最普遍的叫法是 ORGACIC FOOD 在其他语种中也有称生态食品、自然食品等。联合国粮农和世界卫生组织（FAO/WHO）的食品法典委员会

（CODEX）将这类称谓各异但内涵实质基本相同的食品统称为"ORGANIC FOOD"，中文译为"有机食品"。

（四）有机食品、绿色食品、无公害农产品主要异同点比较

我国是幅员辽阔，经济发展不平衡的农业大国，在全面建设小康社会的新阶段，健全农产品质量安全管理体系，提高农产品质量安全水平，增加农产品国际竞争力，是农业和农村经济发展的一个中心任务。为此，农业部经国务院批准，全面启动了"无公害食品行动计划"，并确立了"无公害食品、绿色食品、有机食品三位一体，整体推进"的发展战略。因此，有机食品、绿色食品、无公害食品都是农产品质量安全工作的有机组成部分。有机食品、绿色食品、无公害农产品主要异同点比较，见表5-1。

表5-1　无公害农产品、绿色食品、有机食品主要异同点比较

		无公害农产品	绿色食品	有机食品
相同点		1. 都是以食品质量安全为基本目标，强调食品生产"从土地到餐桌"的全程控制，都属于安全农产品范畴 2. 都有明确的概念界定和产地环境标准，生产技术标准以及产品质量标准和包装、标签、运输贮藏标准 3. 都必须经过权威机构认证并实行标志管理		
不同点	投入物方面	严格按规定使用农业投入品，禁止使用国家禁用、淘汰的农业投入品	允许使用限定的化学合成生产资料，对使用数量、使用次数有一定限制	不用人工合成的化肥、农药、生长调节剂和饲料添加剂
	基因工程方面	无限制	不准使用转基因技术	禁止使用转基因种子、种苗及一切基因工程技术和产品
	基因工程方面	无限制	不准使用转基因技术	禁止使用转基因种子、种苗及一切基因工程技术和产品
	生产体系方面	与常规农业生产体系基本相同，也没有转换期的要求	可以延用常规农业生产体系，没有转换期的要求	要求建立有机农业生产技术支撑体系，并且从常规农业到有机农业通常需要2~3年的转换期

（续表）

		无公害农产品	绿色食品	有机食品
不同点	品质口味	口味、营养成分与常规食品基本无差别	口味、营养成分稍好于常规食品	大多数有机食品口味好、营养成分全面、干物质含量高
	有害物质残留	农药等有害物质允许残留量与常规食品国家标准要求基本相同，但更强调安全指标	大多数有害物质允许残留量与常规食品国家标准要求基本相同，但有部分指标严于常规食品国家标准，如绿色食品黄瓜标准要求敌敌畏≤0.1mg/kg，常规黄瓜国家标准要求敌敌畏≤0.2mg/kg	无化学农药残留（低于仪器的检出限）。实际上外环境的影响不可避免，如果有机食品中农药的残留量比常规食品国家标准允许含量低20倍以上，可视为符合有机食品标准
	认证方面	省级农业行政主管部门负责组织实施本辖区内无公害农产品产地的认定工作，属于政府行为，将来有可能成为强制性认证	属于自愿性认证，只有中国绿色食品发展中心一家认证机构	属于自愿性认证，有多家认证机构（需经国家认监委批准），国家环保总局为行业主管部门
	证书有效期	3年	3年	1年

（五）农产品地理标志

农产品地理标志是指标示农产品来源于特定地域，产品品质和相关特征主要取决于自然生态环境和历史人文因素，并以地域名称冠名的特有农产品标志。2007年12月农业部发布了《农产品地理标志管理办法》，农业部负责全国农产品地理标志的登记工作，农业部农产品质量安全中心负责农产品地理标志登记的审查和专家评审工作。

第六节 尝试现代农业

（一）传统农业和现代农业的概念和特征

1. 传统农业的概念和特征

什么是传统农业，美国著名经济学家西奥多·W·舒尔茨定义为"完全以农民世代使用的各种生产要素为基础的农业可称为传统农业"。美国农业经济学家史蒂文斯和杰巴拉指出："传统农业可定义为这样一种农业，在这种农业中，使用的技术是通过那些缺乏科学技术知识的农民对自然界的敏锐观察而发展起来的……建立在本地区农业的多年经验观察基础上的农业技术是一种农业艺术，它通过口授和示范从一代传到下一代"。传统农业是相对于现代农业的一个动态的概念。传统农业主要有以下特征。

（1）传统农业的生产单位是分散的农户或小规模的家庭农场，属于自然经济或半自然经济的性质。

（2）传统农业属于劳动密集型农业发展模式。

（3）传统农业一般表现为明显的"二元经济"结构。这种"二元经济"结构不但反映在城乡之间和工农业之间的分割，而且还表现于农村经济的非单一的农业经营，即农村中农业和非农产业的并存。

（4）传统农业的生产技术具有长期不变的特点。

就我国目前的农业整体情况而言，农业既不完全是传统农业，也没有进入现代农业，而是处在传统农业向现代农业转变的阶段。

2. 现代农业的概念与特征

（1）现代农业的内涵。现代农业是一个动态的和历史的概念，它不是一个抽象的东西，而是一个具体的事物，它是农业发展史上的一个重要阶段。从发达国家的传统农业向现代农业转变的过程看，实现农业现代化的过程包括两方面的主要内容：一是农业生产的物质条件和技术的现代化，利用先进的科学技术和生产要素装备农业，实现农业生产机械化、电气化、信息化、生物化和化学化；二是农业组织管理的现代化，实现农业生产专业化、社会化、区域化和企业化。

①现代农业的本质内涵可概括为：现代农业是用现代工业装备的，用现代科学技术武装的，用现代组织管理方法来经营的社会化、商品化农业，是国民经济中具有较强竞争力的现代产业。

②现代农业是以保障农产品供给，增加农民收入，促进可持续发展为目标，以提高劳动生产率，资源产出率和商品率为途径，以现代科技和装备为支撑，在家庭经营基础上，在市场机制与政府调控的综合作用下，农工贸紧密衔接，产加销融为一体，多元化的产业形态和多功能的产业体系。

（2）现代农业的主要特征。

第一，具备较高的综合生产率，包括较高的土地产出率和劳动生产率。农业成为一个有较高经济效益和市场竞争力的产业，这是衡量现代农业发展水平的最重要标志。

第二，农业成为可持续发展产业。农业发展本身是可持续的，而且具有良好的区域生态环境。广泛采用生态农业、有机农业、绿色农业等生产技术和生产模式，实现淡水、土地等农业资源的可持续利用，达到区域生态的良性循环，农业本身成为一个良好的可循环的生态系统。

第三，农业成为高度商业化的产业。农业主要为市场而生产，具有很高的商品率，通过市场机制来配置资源。商业化是以市场体系为基础的，现代农业要求建立非常完善的市场体系，包括农产品现代流通体系。离开了发达的市场体系，就不可能有真正的现代农业。农业现代化水平较高的国家，农产品商品率一般都在90%以上，有的产业商品率可达到100%。

第四，实现农业生产物质条件的现代化。以比较完善的生产条件，基础设施和现代化的物质装备为基础，集约化、高效率地使用各种现代生产投入要素，包括水、电力、农膜、肥料、农药、良种、农业机械等物质投入和农业劳动力投入，从而达到提高农业生产率的目的。

第五，实现农业科学技术的现代化。广泛采用先进适用的农业科学技术、生物技术和生产模式，改善农产品的品质、降低生产成本，以适应市场对农产品需求优质化、多样化、标准化的发展趋势。现代农业的发展过程，实质上是先进科学技术在农业领域广泛应用的过程，是用现代科技改造传统农业的过程。

第六，实现管理方式的现代化。广泛采用先进的经营方式，管理技术和管理手段，从农业生产的产前、产中、产后形成比较完整的紧密联系、有机衔接的产业链条，具有很高的组织化程度。有相对稳定，高效的农产品销售和加工转化渠道，有高效率的把分散的农民组织起来的组织体系，有高效率的现代农业管理体系。

第七，实现农民素质的现代化。具有较高素质的农业经营管理人才和劳动力，是建设现代农业的前提条件，也是现代农业的突出特征。

第八，实现生产的规模化、专业化、区域化。通过实现农业生产经营的规模化、专业化、区域化，降低公共成本和外部成本，提高农业的效益和竞争力。

第九，建立与现代农业相适应的政府宏观调控机制。建立完善的农业支持保护体系，包括法律体系和政策体系。

3. 传统农业和现代农业的特征比较

传统农业和现代农业特征比较，见表5-2。

表 5 - 2　传统农业与现代农业特征比较

传统农业	现代农业
自供自产自销自用 生产规模小	具备较高的综合生产率，农业成为一个有较高经济效益和市场竞争力的产业
对自然资源的最大开发实现更多的产出	努力推进农业的生物化，以生物技术实现产业和自然的和谐发展，成为可持续发展的农业
家庭和农庄的自然经济生产模式	公司形式的农场和家庭经营公司化，成为高度商业化的产业
以人、畜和简单机械动力生产	以比较完善的生产条件，基础设施和现代化的物质装备为基础，集约化、高效率地使用各种现代生产投入要素，实现物质条件现代化
以粗放的，低技术含量的耕作和饲养为主。	应用高科技实现品种改良、提高农具的智能化水平，充分利用土地等资源，又保证资源的可持续利用
粗放的、家庭的、传统的管理	广泛采用先进的经营方式，管理技术和管理手段，有比较完整的产业链条，具有很高的组织化程度
农民的科技文化素质较低	农民有较高的科技文化素质，接受现代生产方式
生产结构多元化，多数农户兼营几个产业、区域内未形成专业化生产	立足市场分工，有专业的生产区域或生产基地。形成规模化、区域化、专业化生产
通过税收、价格、土地等盘剥农业，支持工业	有完善的农业支持保护体系，包括法律体系和政策体系

（二）现代农业类型

1. 都市农业

（1）都市农业的由来。都市农业的产生和形成经历了一个渐变的过程。从国际上看，日本是出现都市农业最早的国家之一。都市农业一词最早见于 1930 年出版的《大阪府农会报》杂志上，"以易腐败而又不耐储存的蔬菜生产为主要目的，同时，又有鲜奶、花卉等多样化的农业生产经营"，称为都市农业。而都市农业作为学术名词最早出现在日本学者青鹿四郎在 1935 年所发表的《农业经济地理》一书中。20 世纪 50 年代末 60 年代初美国的一些经济学家开始研究都市农业。我国都市农业的提出与实践始于 90 年代初，其中，以上海、深圳、北京等地开展较早。

（2）都市农业的定义。都市农业我国学者普遍引用的一个定义是："都市农业指在经济发达国家的一些大都市里，保留一些可以耕作的土地，由城里人耕种，即都市农业"，其英文原意是"都市圈中的农地作业。关于都市农业的定义，无论在国内还是在国外诸学派众说纷纭，至今难有定论。这是因为都市农业不仅是一个新兴的研究领域，最主要的是都市农业牵涉面广，涉及的问题错综复杂。

（3）都市农业的特征。

①都市农业所处的城乡空间边界不明显：一种情况是如日本许多城市在扩展过程中，农业以其优美的环境被保留下来，并在都市内建立各种自然休养村、观光花园和娱乐园，形成插花状、镶嵌型农业；另一种是分布在城市群之间的农业，这些地区的农村基础设施与城市无异，与中心城区交通方便，已经完全城市化。

②都市农业功能多样：都市农业除具有生产、经济功能外，同时具有生态、观光、社会、文化等多种功能。

③都市农业表现出高度集约化的趋势：处于城市化地区的农业资源条件明显不同于一般地区，农业经营表现出高度集约化的趋势。一是表现为设施化、工厂化；二是表现为专业化、基地化；三是表现为产业化、市场化。

（4）都市农业的主要功能。

①生产、经济功能：都市农业利用现代工业技术，大幅度提高农业生产力水平，为都市市民提供鲜嫩、鲜活的蔬菜、畜禽产品、果品、花卉及水产品，并要求达到名特优、无污染、无公害、营养价值高或观赏性强。就是国际大都市的发展，也离不开对农副产品的需求，即使交通极为方便的国际都市（如日本、德

国、荷兰等国）也有相当部分农产品需就近供应。同时，都市农业依靠大都市对外开放和良好的口岸等优越条件，冲破地域，实行与国际大市场相接轨的大流通、大贸易经济格局。在相当长的一段时间内生产、经济功能都是都市农业的主体功能。

②社会文化功能：都市农业起着社会劳动力"蓄水池"和稳定"减震器"的作用，对社会稳定发展、城乡居民就业和全面发展都有着重要作用。观光、旅游休闲，是都市农业的重要组成部分。

都市农业通过开辟景观绿地、观光农园、旅游农庄、市民农园、花卉公园等，为市民提供休闲场所，从事观光、休闲、娱乐活动，以减轻工作及生活上的压力，达到舒畅身心、强健体魄的目的。同时，都市农业可以促进城乡交流，并直接对市民及青少年进行农技、农知、农情、农俗、农事教育，因而具有较强的教育功能。另外农村特有的传统文化因都市农业的发展而得以继续延伸和发展，如日本、德国等国。

③生态功能：首先是指为城市增色添绿、美化环境、保持水土、减缓热岛效应、调节小气候、提供新鲜空气，改善生态环境，提高生活质量的功能；其次是指将生活废水及垃圾用作灌溉和肥料，节约资源、保护环境的功能；再次是创立市民公园、农业公园以及开设其他各类农业观光景点，减少或减轻"水泥丛林"和"柏油沙漠"对都市人带来的烦躁与不安的目的，提高市民生活质量，使农业真正起到"城市之肺"的作用，如德国、日本、新加坡等国。

④示范辐射功能：都市农业是农业新技术引进、试验和示范的前沿农业，对一般农业的发展具有样板、示范功能。都市农业能够依托大城市科技、信息、经济和社会力量的辐射，成为现代高效农业的示范基地和展示窗口，进而带动持续高效农业乃至农业现代化的发展，对我国广大农村地区的土地高效利用起到示范

作用，如日本、新加坡等国。

（5）都市农业的发展趋势。

①地域特色化趋势：荷兰凭借其悠久的花卉发展历史，在花卉种苗球根、鲜切花自动化生产方面占有绝对优势，尤其是以郁金香为代表的球根花卉，已经成为荷兰都市农业的象征。美国由于国内市场需求增大以及地域辽阔，在花草和花坛植物育种及生产方面走在世界前列，同时，在盆花观叶植物方面也处于领先地位。日本凭借"精细农业"的基础，在育种和栽培上占绝对优势，对花卉的生产、储运、销售，能做到标准化管理。

②国际化趋势：由于发达国家和地区的生产成本高，一些发达国家倾向于寻求与生产成本低的发展中国家合作经营。因此，外向型、创汇型的"空运农业"十分发达.以花卉产业为例，世界花卉的生产和消费主要在欧共体、美国、日本三大发达地区和国家，其进口的花卉总量占世界花卉贸易额的99%，其中，欧共体占80%，美国占13%，日本占6%。世界花卉产业的发展经历了3个阶段：一是在20世纪90年代以前，世界花卉及高科技农业的生产地和消费地是重合的，主要集中在欧美和日本等经济发达地区；二是在20世纪90年代以后，都市农业的生产与消费开始分离；三是如今，花卉生产已经向气候条件优越、土地和劳动力等生产成本低的国家和地区转移。目前，哥伦比亚、津巴布韦、肯尼亚以及东南亚国家和地区纷纷加入花卉产业的行列。与发达国家的农业企业合作，建立高科技农业园。许多国家还在农业生产基地兴建农用机场，农产品一出基地就上飞机运到世界各地，形成"空运农业"。

2. 休闲农业

一种综合性的休闲农业区。游客不仅可观光、采果、体验农作、了解农民生活、享受乡土情趣，而且可住宿、度假、游乐。休闲农业的基本概念是利用农村设备与空间、农业生产场地、农

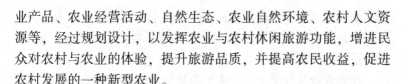

业产品、农业经营活动、自然生态、农业自然环境、农村人文资源等，经过规划设计，以发挥农业与农村休闲旅游功能，增进民众对农村与农业的体验，提升旅游品质，并提高农民收益，促进农村发展的一种新型农业。

休闲农业是在经济发达的条件下为满足城里人休闲需求，利用农业景观资源和农业生产条件，发展观光、休闲、旅游的一种新型农业生产经营形态。休闲农业也是深度开发农业资源潜力，调整农业结构，改善农业环境，增加农民收入的新途径。休闲农业的基本属性是以充分开发具有观光、旅游价值的农业资源和农业产品为前提，把农业生产、科技应用、艺术加工和游客参加农事活动等融为一体，供游客领略在其他风景名胜地欣赏不到的大自然情趣。休闲农业是以农业活动为基础，农业和旅游业相结合的一种新型的交叉型产业，也是以农业生产为依托，与现代旅游业相结合的一种高效农业。

全国各地的发展实践证明，休闲农业与乡村旅游的发展不仅可以充分开发农业资源，调整和优化产业结构，延长农业产业链，带动农村运输、餐饮、住宿、商业及其他服务业的发展，促进农村劳动力转移就业，增加农民收入，致富农民，而且可以促进城乡人员、信息、科技、观念的交流，增强城里人对农村、农业的认识和了解，加强城市对农村、农业的支持，实现城乡协调发展。

3. 设施农业

设施农业属于高投入高产出，资金、技术、劳动力密集型的产业。它是利用人工建造的设施，使传统农业逐步摆脱自然的束缚，走向现代工厂化农业生产的必由之路，同时，也是农产品打破传统农业的季节性，实现农产品的反季节上市，进一步满足多元化、多层次消费需求的有效方法。设施农业是个综合概念，首先要有一个配套的技术体系做支撑，其次还必须能产生效益。这就要求设施设备、选用的品种和管理技术等紧密联系在一起。设施农业是个新的生产技术体系。它采用必要的设施设备，同时，选择适宜的品种和相应的栽培技术。

设施农业从种类上分，主要包括设施园艺和设施养殖两大部分。设施养殖主要有水产养殖和畜牧养殖两大类。

（1）设施园艺的主要类型及其优缺点。设施园艺按技术类别一般分为玻璃/PC 板连栋温室（塑料连栋温室）、日光温室、塑料大棚、小拱棚（遮阳棚）4 类。①玻璃/PC 板连栋温室具有自动化、智能化、机械化程度高的特点，温室内部具备保温、光照、通风和喷灌设施，可进行立体种植，属于现代化大型温室。其优点在于采光时间长，抗风和抗逆能力强，主要制约因素是建造成本过高。福建、浙江、上海等地的玻璃/PC 板连栋温室在防抗台风等自然灾害方面具有很好的示范作用，但是，目前仍处在起步阶段。塑料连栋温室以钢架结构为主，主要用于种植蔬菜、瓜果和普通花卉等。其优点是使用寿命长，稳定性好，具有防雨、抗风等功能，自动化程度高；其缺点与玻璃/PC 板连栋温室相似，一次性投资大，对技术和管理水平要求高。一般作为玻璃/PC 板连栋温室的替代品，更多用于现代设施农业的示范和推广。②日光温室的优点有采光性和保温性能好、取材方便、造价适中、节能效果明显，适合小型机械作业。天津市推广新型节能日光温室，其采光、保温及蓄热性能很好，便于机械作业，其缺点在于环境的调控能力和抗御自然灾害的能力较差，主要种植蔬菜、瓜果及花卉等。青海省比较普遍的多为日光节能温室，辽宁省也将发展日光温室作为该省设施农业的重要类型，甘肃、新疆、山西和山东日光温室分布比较广泛。③塑料大棚是我国北方地区传统的温室，农户易于接受，塑料大棚以其内部结构用料不同，分为竹木结构、全竹结构、钢竹混合结构、钢管（焊接）结构、钢管装配结构以及水泥结构等。总体来说，塑料大棚造价比日光温室要低，安装拆卸简便，通风透光效果好，使用年限较长，主要用于果蔬瓜类的栽培和种植。其缺点是棚内立柱过多，不宜进行机械化操作，防灾能力弱，一般不用它做越冬生产。④小拱棚（遮阳棚）的特点是制作简单，投资少，作业方便，管理非常省事。其缺点是不宜使用各种装备设施的应用，并且劳动强度大，抗灾能力差，增产效果不显著。主要用于种植蔬菜、瓜果和食用菌等。塑料大棚造价比日光温室要低，安装拆卸简便，通风透光效果好，使用年限较长，主要用于果蔬瓜类的栽培和种植。其缺点是棚内立柱过多，不宜进行机械化操作，防灾能力弱，一般不用它做越冬生产。

（2）设施养殖的主要类型及其优缺点。设施养殖主要有水产养殖和畜牧养殖两大类。①水产养殖按技术分类有围网养殖和网箱养殖技术。在水产养殖方面，围网养殖和网箱养殖技术已经得到普遍应用。网箱养殖具有节省土地、可充分利用水域资源、设备简单、管理方便、效益高和机动灵活等优点。安徽的水产养殖较多使用的是网箱和增氧机。广西壮族自治区的农民，主要是采用网箱养殖的方式。天津推广适合本地发展的池塘水底铺膜养殖技术，解决了池塘清淤的问题，减少了水的流失。上海提出了"实用型水产大棚温室"的构想，采取简易的低成本的保温、增氧、净水等措施，解决了部分名贵鱼类越冬难题。陆基水产养殖也是上海近年来推广的一项新兴的水产养殖方式，但是，投入成本高，回收周期长，较难被养殖场（户）接受。②在畜牧养殖方面，大型养殖场或养殖试验示范基地的养殖设施主要是开放（敞）式和有窗式，封闭式养殖主要以农户分散经营为主。开放（敞）式养殖设备造价低，通风透气，可节约能源。有窗式养殖优点是可为畜、禽类创造良好的环境条件，但投资比较大。安徽、山东等省以开放式养殖和有窗式养殖为主，封闭式相对较少；青海设施养殖中绝大多数为有窗式畜棚。贵州目前的养殖设

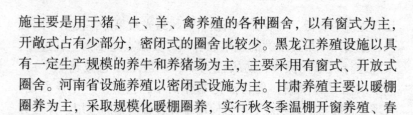

施主要是用于猪、牛、羊、禽养殖的各种圈舍，以有窗式为主，开敞式占有少部分，密闭式的圈舍比较少。黑龙江养殖设施以具有一定生产规模的养牛和养猪场为主，主要采用有窗式、开放式圈舍。河南省设施养殖以密闭式设施为主。甘肃养殖主要以暖棚圈养为主，采取规模化暖棚圈养，实行秋冬季温棚开窗养殖、春夏季开放（敞）式养殖的方式。

（3）设施装备的应用。在设施园艺方面，小拱棚、遮阳棚多用竹木做骨架，以塑料薄膜和稻草等其他材料简单搭盖；竹木大棚，用竹片或竹竿做骨架，每个骨架用水泥柱或木桩做支柱；钢架大棚，采用钢管搭建大棚，目前，普遍用连接件代替焊接技术来固定钢管。塑料连栋温室以钢架结构的为主。玻璃/PC 板连栋温室以透明玻璃或 PC 板为覆盖材料的温室，这类温室的骨架为镀锌钢管，门窗框架、屋脊为铝合金轻型钢材。温室设施内使用的主要机械装备或装置有微耕机、微滴灌装置、臭氧病虫害防治机、电子除雾防病促生机、机动和手动施药器具、烟雾净化和二氧化碳气肥器、频振式电子灭虫灯或黄光诱虫灯等装置。温室设施外使用的机械装备有草苫（保温被）卷帘机、卷膜器等。在生产作业中，机械耕作比较普遍，其他生产环节大多是人工作业。在设施养殖方面，应用的设备主要有喂料机、喷淋设备、风机、冷水帘以及粪便处理设备等，大型养牛场还配备了自动挤奶、杀菌、冷藏等设备。大型鸡、鸭、鹅饲养场还配备有自动孵化设备。封闭式养殖设施简单，目前，应用最普遍的是利用聚乙烯网片制作的网箱，配备的设备主要是增氧机。有窗式养殖主要配备通风设备和降温设备等设施。但粪便清理、饲料投放、自动拾蛋设备较少，人工操作较多，防疫、消毒设施落后，饲料加工设备不足。

4. 期货农业

（1）期货农业的发展态势。与前几年曾经风行一时而现今走入低谷的"订单农业"相比较，"期货农业"正以其风险性低、价格提前发现、农民增收效益显著等优势特点而被农产品交易市场和广大农户所接受。比起计划经济和传统农业先生产后找市场的做法，"期货农业"则是先找市场后生产，可谓是一种当代进步的市场经济产物（模式）。事实上该模式在欧美一些国家作为一种最主流的形式已经存在几十年了。所谓"期货农业"是指农产品订购合同、协议，也叫合同农业或契约农业，具有市场性、契约性、预期性和风险性，订单中规定的农产品收购数量、质量和最低保护价，使双方享有相应的权利、义务和约束力，不能单方面毁约，因为订单是在农产品种养前签订，是一种期货贸易，所以，也叫"期货农业"（农业订单＋期货贸易）。以国内外"期货农业"经营模式成功范例为佐证，国外用期货为农民服务的成功范例是美国，如美国政府将玉米生产与玉米期货期交易联系起来，积极鼓励和支持农民利用期货市场进行套期保值交易，以维持玉米的价格水平，替代政府的农业支持政策，通过玉米期货市场，美国已经成为全球玉米定价中心。事实上，随着我国农业产业化经营的推进和发展以及现代农业观念的深入和普及，现在我国已经有不少农产品已经实行了期货交易，如黑龙江省的大豆交易市场；天津市的红小豆交易市场，其中，最引人注目的是河南省延津县的小麦交易成功地使用了"期货农业"这一现代农业产业化经营模式。其具体做法是：在延津县政府的引导和推动下，该县粮食局下属的麦业有限公司，发起成立了全县小麦协会，通过400多个中心会员（中心会员以行政村为单位）向全县10万多农户实行供种、机播、管理、机收和收购"五统一"。以高于市场价格0.1～0.12元/kg与农民签订优质小麦订单，同时，粮食企业通过期货市场进行套期保值，在小麦种植或收获之前，就买到期货市场，并根据在期货市场套期保值的收入情况，对参与订单的农民进行二次分配，使"期货农业"

这一为广大农户保障增收的经营模式，已经在延津县及河南省大部分地区均取得了多赢的效果，因而在河南省召开的延津小麦经济发展高层论坛上，延津模式受到了众多国内外农业经济和粮食问题专家、学者的高度赞誉和好评。"延津经验"也在全国不胫而走，传为美谈。由此看来，"期货农业"作为一种更高级的市场形式，不仅能够有效回避风险，也可以为订单农业的顺利运行提供载体，等于是为从事种植业的农民兄弟撑起了保护伞，它是降低种植农户对农产品经营风险最为理想的模式方法，因此，很有理由推广借鉴。

（2）发展期货农业的必要性。既然"期货农业"这种经营模式在价格发现、回避风险和配置资源等方面提高上述成功范例已经显示出其独特魅力，那么根据其特点结合当地的具体情况之上加以完善推广则十分必要。

第一，在发展"期货农业"时，经营机制转换过程中，利用期市进行套保、规避风险，在好多地方尚未对其达成广泛共识，无疑需要各级政府继续做好宣传、推动和引导工作；与此同时，在允许农产品经营者参与期货套期保值的政策上尽量能够予以进一步放宽。而作为为农业生产服务的期货行业，则应在期货知识、宣传期货市场功能方面，发挥更加积极的作用。

第二，期货农业是为了分散农产品风险在现货交易的基础上发展起来的，是在期货交易所内进行的标准化合约的转让，在目前订单农业的基础上是完全可以考虑的。通过"期货农业"进一步促进高效农业经济的发展，具有积极的发展内涵。在期货市场上，有两类人，一类人是投机者；另一类人称为套期保值者，他们是为了避开价格波动，从而回避风险，在此种情况下，农产品经营者就可以利用期货市场进行套期保值、将风险转嫁给众多投机者，从而使风险分散掉。假如能早些形成完善的农产品期货交易市场，近几年屡屡发生的农产品交易中双方毁约违约的信用危机现象，均可迎刃而解，同时，会极大地减少此类问题的出现概率。

第三，在广大农户心里是既想增产又想增收，但是变幻莫测的市场，往往将农民至于两难的境地，让农民惘然无序、不知所措。因而只好盲从安排种植品种，造成不必要的经济损失。现在让农户心里踏实的"期货农业"应运而生，实践证明，农产品经营者和广大农户，采用"期货农业"经营模式，有两方面的益处：一方面有利于农产品流通体制改革的深化，有助于农产品经营机制的转换，实现脱贫脱困目标；另一方面有利于各地农业产业化经营的发展，有效增加农民收入，推进粮食种植结构调整，从根本上解决粮食产销脱节问题。

（3）期货农业的功能和作用。期货农业具有多方面的功能和作用，概括来说主要有以下4个方面。

①期货农业最重要的功能就是相应提前发现农产品价格。农产品的价格波动，使种植者回避农产品的价格风险，可以帮助农民避免农产品在收获季节卖不出去的危机困境，农民在春播时节可以先了解农产品的期货价格，如果某类农产品当年价格低，就可以当年就可以不种植，而改种其他农产品；如果当年价格高，有相当利润，那么就开犁播种，同时，还可以在期货市场先将农产品卖掉，得到利润同时没有后顾之忧，显示出灵活的调节性，这样就会将价格波动影响因素消除。

②可转移交易市场上的风险。在农产品经营者和农户签订订单合同后，农民将其价格风险转移给农产品经营者，农产品经营者则又可以提高在期货市场上的套期保值交易，将风险转移给期货市场上的众多投机者，进而锁定成本，以此有效保证"期货农业"的顺利实施，另外，农产品经营者在与农民签定订单时，可以把市场上期货价格作为参考，科学、合理地制定订单合同的收购价格。

③使农民增收更有保障。发展"期货农业"就等于把农民产后的销售活动转移到了产前，农民作为卖方事先按照平等互利、自愿协商的原则，就农产品的数量、质量、规格和价格等事宜形成具有法律效力的合同，达成农业订单，这样就可以减少生产的盲目性和价格波动性，确保农民收入增加。

④为解决"三农"问题助一臂之力。随着我国农村经济的迅猛发展，对农业产业化的深化和推进日益加强，农业产业化成为新时期农村改革发展的根本取向。与此同时，"三农"问题也日益突出，党的十六大充分肯定了农业产业化的地位和作用，强调要积极推进农业产业化经营，提高农民进入市场的组织化程度和农业综合效益。我区在贯彻党的十六大精神上真抓实干，积极努力地探索着当地农业产业化经营的新途径。而"期货农业"就是在农业产业化这一大背景载体下生发运行的新经营模式，通过"期货农业"来解决"三农"问题，有利于增强农产品在市场中的地位和竞争力，可以形成统一、透明和权威的市场价格，为农民和农产品经营提供经营决策参考，推动农业种植结构调整，对加强那样经济的宏观调控提供了有效的市场工具。

期货农业与订单农业的相似与相异。一是相似之处：均为远期交割。部分支付合约金额（订单农业中的定金；期货交易中的保证金）。二是相异之处：期货合约绝大多数为博取价格差获利，所以实际完成交割的比例非常低。而定单农业基本上都会履约。期货合约流动性非常好；而定单农业的交易双方基本固定。

5. 观光农业

观光农业，是一种以农业和农村为载体的新型生态旅游业。近年来，伴随全球农业的产业化发展，人们发现，现代农业不仅具有生产性功能，还具有改善生态环境质量，为人们提供观光、休闲、度假的生活性功能。随着收入的增加，闲暇时间的增多，生活节奏的加快以及竞争的日益激烈，人们渴望多样化的旅游，尤其希望能在典型的农村环境中放松自己。于是，农业与旅游业边缘交叉的新型产业——观光农业应运而生。观光农业是把观光旅游与农业结合在一起的一种旅游活动，它的形式和类型很多。

（1）主要形式。

①观光农园：在城市近郊或风景区附近开辟特色果园、菜园、茶园、花圃等，让游客入内摘果、拔菜、赏花、采茶，享受田园乐趣。这是国外观光农业最普遍的一种形式。

②农业公园：即按照公园的经营思路，把农业生产场所、农产品消费场所和休闲旅游场所结合为一体。

③教育农园：这是兼顾农业生产与科普教育功能的农业经营形态。代表性的有法国的教育农场，日本的学童农园，中国台湾的自然生态教室等。

④森林公园：是森林景观特别优美，人文景物比较集中，观赏、科学、文化价值高，地理位置特殊，有一定的区域代表性，旅游服务设施齐全，有较高的知名度，可供人们游览、休息或进行科学、文化、教育活动。

⑤民俗观光村：到民俗村体验农村生活，感受农村气息。20世纪90年代，我国农业观光旅游在大中城市迅速兴起。观光农业作为新兴的行业，既能促进传统农业向现代农业转型，解决农业发展的部分问题，也能提供大量的就业机会，为农村剩余劳动力解决就业问题，还能够带动农村教育、卫生、交通的发展，改变农村面貌，是为解决我国"三农"问题提供新的思路。因此，可以预见，观光农业这一新型产业必将获得很大的发展。

（2）主要类型。

①观光种植业：指具有观光功能的现代化种植，它利用现代农业技术，开发具有较高观赏价值的作物品种园地，或利用现代化农业栽培手段，向游客展示农业最新成果。如引进优质蔬菜、绿色食品、高产瓜果、观赏花卉作物，组建多姿多趣的农业观光

园、自摘水果园、农俗园、果蔬品尝中心等。

②观光林业：指具有观光功能的人工林场、天然林地、林果园、绿色造型公园等。开发利用人工森林与自然森林所具有多种旅游功能和观光价值，为游客观光、野营、探险、避暑、科考、森林浴等提供空间场所。

③观光牧业：指具有观光性的牧场、养殖场、狩猎场、森林动物园等，为游人提供观光和参与牧业生活的风趣和乐趣。如奶牛观光、草原放牧、马场比赛、猎场狩猎等各项活动。

④观光渔业：指利用滩涂、湖面、水库、池塘等水体，开展具有观光、参与功能的旅游项目，如参观捕鱼、驾驶渔船、水中垂钓、品尝海鲜、参与捕捞活动等，还可以让游人学习养殖技术。

⑤观光副业：包括与农业相关的具有地方特色的工艺品及其加工制作过程，都可作为观光副业项目进行开发。如利用竹子、麦秸、玉米叶、芦苇等编造多种美术工艺品，可以让游人观看艺人的精湛造艺或组织游人自己参加编织活动。

⑥观光生态农业：建立农林牧渔土地综合利用的生态模式，强化生产过程的生态性、趣味性、艺术性，生产丰富多彩的绿色保洁食品，为游人提供观赏和研究良好生产环境的场所，形成林果粮间作、农林牧结合、桑基鱼塘等农业生态景观，如广东省珠江三角洲形成的桑、鱼、蔗互相结合的生态农业景观典范。

6. 立体农业

（1）立体农业的内涵。目前，我国有关立体农业的定义大体有以下 3 种表述。

①狭义的立体农业：狭义立体农业指地势起伏的高海拔山地、高原地区，农、林、牧业等随自然条件的垂直地带分异，按一定规律由低到高相应呈现多层性、多级利用的垂直变化和立体生产布局特点的一种农业。如中国云南、四川西部和青藏高原等

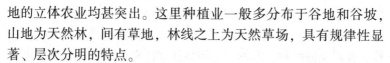

地的立体农业均甚突出。这里种植业一般多分布于谷地和谷坡，山地为天然林，间有草地，林线之上为天然草场，具有规律性显著、层次分明的特点。

仅指立体种植而言，是农作物复合群体在时空上的充分利用。根据不同作物的不同特性，如高秆与矮秆、喜光与耐阴、早熟与晚熟、深根与浅根、豆科与禾本科，利用它们在生长过程中的时空差，合理地实行科学的间种、套种、混种、复种、轮种等配套种植，形成多种作物、多层次、多时序的立体交叉种植结构。

②中义的立体农业：中义的立体农业是指在单位面积土地上（水域中）或在一定区域范围内，进行立体种植、立体养殖或立体复合种养，并巧妙地借助模式内人工的投入，提高能量的循环效率、物质转化率及第二性物质的生产量，建立多物种共栖、多层次配置、多时序交错、多级质、能转化的立体农业模式。

③广义的立体农业：广义的立体农业指根据各种动物、植物、微生物的特性及其对外界生长环境要求各异的特点，在同一单位面积的土地或水域等空间，最大限度地实行种植、栽培、养殖等多层次、多级利用的一种综合农业生产方式。如水田、旱地、水体、基塘、菜园、花园、庭院的立体种养等；林地的株间、行间混交和带状、块状混交等；水体的混养、层养、套养、兼养等均属之。以中国珠江三角洲的桑基、果基、蔗基鱼塘等为典型，具有多层次、多级利用的特点。着眼于整个大农业系统，它包括农业的广度，即生物功能维；农业的深度，即资源开发功能维；农业的高度，即经济增值维。它不是通常直观的立体农业，而是一个经济学的概念，与当前"循环经济"的概念相似。

上述 3 种观点从不同的角度对立体农业进行理论尝试，都是对传统平面农业单作的扬弃。第一种概念的边界只限于立体多层种植，是农作物轮作、间作、套作在现代农业技术下的延伸和发展，由于概念边界过窄，局限于种植业内部的山、水、田、滩、路的多维利用，忽略了兴起中的林牧（渔）、农牧（渔）复合种、养以及庭院种、养加工，容易使立体农业同间作、套作混淆起来；第二种概念能够反映出当代中国立体农业的本质特征，它既有区域内垂直梯度的立体种养循环布局，又有单位面积（水体）立面空间的种养（加工）合理配置；第三种概念边界过宽，包容农、工、商综合发展，边界的无限延长无疑否定了立体农业本身的特点，造成与生态农业、农业综合开发、农业现代化之间的概念重叠和模糊，失去了立体农业存在价值。

经过以上分析，可把立体农业的概念总结如下：立体农业是传统农业和现代农业科技相结合的新发展，是传统农业精华的优化组合。具体地说，立体农业是多种相互协调、相互联系的农业生物（植物、动物、微生物）种群，在空间、时间和功能上的多层次综合利用的优化高效农业结构。

（2）立体农业的模式和特点。立体农业的模式是以立体农业定义为出发点，合理利用自然资源、生物资源和人类生产技能，实现由物种、层次、能量循环、物质转化和技术等要素组成的立体模式的优化。

①立体农业的模式：构成立体农业模式的基本单元是物种结构（多物种组合）、空间结构（多层次配置）、时间结构（时序排列）、食物链结构（物质循环）和技术结构（配套技术）。目前，立体农业的主要模式有：丘陵山地立体综合利用模式；农田立体综合利用模式；水体立体农业综合利用模式；庭院立体农业综合利用模式。

②立体农业的特点和作用：立体农业的特点集中反映在4个方面：一是"集约"，即集约经营土地，体现出技术、劳力、物质、资金整体综合效益；二是"高效"，即充分挖掘土地、光能、水源、热量等自然资源的潜力，同时提高人工辅助能的利用

率和利用效率；三是"持续"，即减少有害物质的残留，提高农业环境和生态环境的质量，增强农业后劲，不断提高土地（水体）生产力；四是"安全"，即产品和环境安全，体现在利用多物种组合来同时完成污染土壤的修复和农业发展，建立经济与环境融合观。总之，开发立体农业、发挥其独特作用，可以充分挖掘土地、光能、水源、热量等自然资源的潜力，提高人工辅助能的利用率和利用效率，缓解人地矛盾，缓解粮食与经济作物、蔬菜、果树、饲料等相互争地的矛盾，提高资源利用率，可以充分利用空间和时间，通过间作、套作、混作等立体种养、混养等立体模式，较大幅度提高单位面积的物质产量，从而缓解食物供需矛盾；同时，提高化肥、农药等人工辅助能的利用率，缓解残留化肥、农药等对土壤环境、水环境的压力，坚持环境与发展"双赢"，建立经济与环境融合观。

7. 生态农业

（1）基本概念。生态农业是指在保护、改善农业生态环境的前提下，遵循生态学、生态经济学规律，运用系统工程方法。生态农业是相对于石油农业提出的概念，是一个原则性的模式而不是严格的标准。而绿色食品所具备的条件是有严格标准的，包括：绿色食品生态环境质量标准；绿色食品生产操作规程；产品必须符合绿色食品标准；绿色食品包装贮运标准。所以，并不是生态农业产出的就是绿色食品。

生态农业是一个农业生态经济复合系统，将农业生态系统同农业经济系统综合统一起来，以取得最大的生态经济整体效益。它也是农、林、牧、副、渔各业综合起来的大农业，又是农业生产、加工、销售综合起来，适应市场经济发展的现代农业。

生态农业是以生态学理论为主导，运用系统工程方法，以合理利用农业自然资源和保护良好的生态环境为前提，因地制宜地规划、组织和进行农业生产的一种农业。是 20 世纪 60 年代末期作为"石油农业"的对立面而出现的概念，被认为是继石油农业之后世界农业发展的一个重要阶段。主要是通过提高太阳能的固定率和利用率、生物能的转化率、废弃物的再循环利用率等，促进物质在农业生态系统内部的循环利用和多次重复利用，以尽可能少的投入，求得尽可能多的产出，并获得生产发展、能源再利用、生态环境保护、经济效益等相统一的综合性效果，使农业生产处于良性循环中。

生态农业不同于一般农业，它不仅避免了石油农业的弊端，并发挥其优越性。通过适量施用化肥和低毒高效农药等，突破传统农业的局限性，但又保持其精耕细作、施用有机肥、间作套种等优良传统。它既是有机农业与无机农业相结合的综合体，又是一个庞大的综合系统工程和高效的、复杂的人工生态系统以及先进的农业生产体系。以生态经济系统原理为指导建立起来的资源、环境、效率、效益兼顾的综合性农业生产体系。中国的生态农业包括农、林、牧、副、渔和某些乡镇企业在内的多成分、多层次、多部门相结合的复合农业系统。20 世纪 70 年代主要措施是实行粮、豆轮作，混种牧草，混合放牧，增施有机肥，采用生物防治，实行少免耕，减少化肥、农药、机械的投入等；

20 世纪 80 年代创造了许多具有明显增产增收效益的生态农业模式，如稻田养鱼、养萍，林粮、林果、林药间作的主体农业模式，农、林、牧结合，粮、桑、渔结合，种、养、加结合等复合生态系统模式，鸡粪喂猪、猪粪喂鱼等有机废物多级综合利用的模式。生态农业的生产以资源的永续利用和生态环境保护为重要前提，根据生物与环境相协调适应、物种优化组合、能量物质高效率运转、输入输出平衡等原理，运用系统工程方法，依靠现代科学技术和社会经济信息的输入组织生产。通过食物链网络化、农业废弃物资源化，充分发挥资源潜力和物种多样性优势，建立良性物质循环体系，促进农业持续稳定地发展，实现经济、社会、生态效益的统一。因此，生态农业是一种知识密集型的现代农业体系，是农业发展的新型模式。

（2）生态农业的基本内涵与特点。生态农业的内涵是按照生态学原理和生态经济规律，因地制宜地设计、组装、调整和管理农业生产和农村经济的系统工程体系。它要求把发展粮食与多种经济作物生产，发展大田种植与林、牧、副、渔业，发展大农业与二、三产业结合起来，利用传统农业精华和现代科技成果，通过人工设计生态工程、协调发展与环境之间、资源利用与保护之间的矛盾，形成生态上与经济上两个良性循环，经济、生态、社会三大效益的统一。

生态农业具有以下几个特点。

①综合性：生态农业强调发挥农业生态系统的整体功能，以大农业为出发点，按"整体、协调、循环、再生"的原则，全面规划，调整和优化农业结构，使农、林、牧、副、渔各业和农村一、二、三产业综合发展，并使各业之间互相支持，相得益彰，提高综合生产能力。

②多样性：生态农业针对我国地域辽阔，各地自然条件、资源基础、经济与社会发展水平差异较大的情况，充分吸收我国传统农业精华，结合现代科学技术，以多种生态模式、生态工程和丰富多彩的技术类型装备农业生产，使各区域都能扬长避短，充分发挥地区优势，各产业都根据社会需要与当地实际协调发展。

③高效性：生态农业通过物质循环和能量多层次综合利用和系列化深加工，实现经济增值，实行废弃物资源化利用，降低农业成本，提高效益，为农村大量剩余劳动力创造农业内部就业机会，保护农民从事农业的积极性。

④持续性：发展生态农业能够保护和改善生态环境，防治污染，维护生态平衡，提高农产品的安全性，变农业和农村经济的常规发展为持续发展，把环境建设同经济发展紧密结合起来，在

最大限度地满足人们对农产品日益增长的需求的同时，提高生态系统的稳定性和持续性，增强农业发展后劲。

（3）生态农业模式类型。为进一步促进生态农业的发展，农业部向全国征集到了370种生态农业模式或技术体系，通过反复研讨，遴选出经过一定实践运行检验，具有代表性的十大类型生态模式，并正式将这十大类型生态模式作为农业部的重点任务加以推广。这十大典型模式和配套技术如下。

①北方"四位一体"生态模式："四位一体"生态模式是在自然调控与人工调控相结合条件下，利用可再生能源（沼气、太阳能）、保护地栽培（大棚蔬菜）、日光温室养猪及厕所等4个因子，通过合理配置形成以太阳能、沼气为能源，以沼渣、沼液为肥源，实现种植业（蔬菜）、养殖业（猪、鸡）相结合的能流、物流良性循环系统，这是一种资源高效利用，综合效益明显的生态农业模式。运用本模式冬季北方地区室内外温差可达30℃以上，温室内的喜温果蔬正常生长、畜禽饲养、沼气发酵安全可靠。这种生态模式是依据生态学、生物学、经济学、系统工程学原理，以土地资源为基础，以太阳能颤动力，以沼气为纽带，进行综合开发利用的种养生态模式。通过生物转换技术，在同地块土地上将节能日光温室、沼气池、畜禽舍、蔬菜生产等有机地结合在一起，形成一个产气、积肥同步，种养并举，能源、物流良性循环的能源生态系统工程。这种模式能充分利用秸秆资源，化害为利，变废为宝，是解决环境污染的最佳方式，并兼有提供能源与肥料，改善生态环境等综合效益，具有广阔的发展前景，为促进高产高效的优质农业和无公害绿色食品生产开创了一条有效的途径。"四位一体"模式在辽宁等北方地区已经推广到21万户。

②南方"猪—沼—果"生态模式及配套技术：以沼气为纽带，带动畜牧业、林果业等相关农业产业共同发展的生态农业模

式。该模式是利用山地、农田、水面、庭院等资源，采用"沼气池、猪舍、厕所"三结合工程，围绕主导产业，因地制宜开展"三沼（沼气、沼渣、沼液）"综合利用，从而实现对农业资源的高效利用和生态环境建设、提高农产品质量、增加农民收入等效果。工程的果园（或蔬菜、鱼池等）面积、生猪养殖规模、沼气池容积必须合理组合。在我国南方得到大规模推广，仅江西赣南地区就有 25 万户。

③草地生态恢复与持续利用模式：草地生态恢复与持续利用模式是遵循植被分布的自然规律，按照草地生态系统物质循环和能量流动的基本原理，运用现代草地管理、保护和利用技术，在牧区实施减牧还草，在农牧交错带实施退耕还草，在南方草山草坡区实施种草养畜，在潜在沙漠化地区实施以草为主的综合治理，以恢复草地植被，提高草地生产力，遏制沙漠东进，改善生存、生活、生态和生产环境，增加农牧民收入，使草地畜牧业得到可持续发展。包括牧区减牧还草模式、农牧交错带退耕还草模式、南方山区种草养畜模式、沙漠化土地综合防治模式、牧草产业化开发模式。

④农林牧复合生态模式：农林牧复合生态模式是指借助接口技术或资源利用在时空上的互补性所形成的两个或两个以上产业或组分的复合生产模式（所谓接口技术是指联结不同产业或不同组分之间物质循环与能量转换的连接技术，如种植业为养殖业提供饲料饲草，养殖业为种植业提供有机肥，其中，利用秸秆转化饲料技术、利用粪便发酵和有机肥生产技术均属接口技术，是平原农牧业持续发展的关键技术）。平原农区是我国粮、棉、油等大宗农产品和畜产品乃至蔬菜、林果产品的主要产区，进一步挖掘农林、农牧、林牧不同产业之间的相互促进、协调发展的能力，对于我国的食物安全和农业自身的生态环境保护具有重要意义。包括"粮饲—猪—沼—肥"生态模式及配套技术、"林果—

粮经"立体生态模式及配套技术、"林果—畜禽"复合生态模式及配套技术。这种生态模式是依据生态学、生物学、经济学、系统工程学原理，以土地资源为基础，以太阳能颤动力，以沼气为纽带，进行综合开发利用的种养生态模式。通过生物转换技术，在同地块土地上将节能日光温室、沼气池、畜禽舍、蔬菜生产等有机地结合在一起，形成一个产气、积肥同步，种养并举，能源、物流良性循环的能源生态系统工程。

⑤生态种植模式及配套技术：它是在单位面积土地上，根据不同作物的生长发育规律，采用传统农业的间、套等种植方式与现代农业科学技术相结合，从而合理充分地利用光、热、水、肥、气等自然资源、生物资源和人类生产技能，以获得较高的产量和经济效益。

⑥生态畜牧业生产模式：生态畜牧业生产模式是利用生态学、生态经济学、系统工程和清洁生产思想、理论和方法进行畜牧业生产的过程，其目的在于达到保护环境、资源永续利用的同时生产优质的畜产品。生态畜牧业生产模式的特点，是在畜牧业全程生产过程中既要体现生态学和生态经济学的理论，同时，也要充分利用清洁生产工艺，从而达到生产优质、无污染和健康的农畜产品；其模式的成功关键在于实现饲料基地、饲料及饲料生产、养殖及生态环境控制、废弃物综合利用及畜牧业粪便循环利用等环节能够实现清洁生产，实现无废弃物或少废弃物生产过程。现代生态畜牧业根据规模和与环境的依赖关系分为复合型生态养殖场和规模化生态养殖场两种生产模式。包括：综合生态养殖场生产模式、规模化养殖场生产模式、生态养殖场产业开发模式。

⑦生态渔业模式及配套技术：该模式是遵循生态学原理，采用现代生物技术和工程技术，按生态规律进行生产，保持和改善生产区域的生态平衡，保证水体不受污染，保持各种水生生物种

群的动态平衡和食物链网结构合理的一种模式。

⑧池塘混养模式及配套技术：池塘混养是将同类不同种或异类异种生物在人工池塘中进行多品种综合养殖的方式。其原理是利用生物之间具有互相依存、竞争的规则，根据养殖生物食性垂直分布不同，合理搭配养殖品种与数量，合理利用水域、饲料资源，使养殖生物在同一水域中协调生存，确保生物的多样性。包括鱼池塘混养模式及配套技术、鱼与渔池塘混养模式及配套技术。

⑨丘陵山区小流域综合治理利用型生态农业模式：我国丘陵山区约占国土70%，这类区域的共同特点是地貌变化大、生态系统类型复杂、自然物产种类丰富，其生态资源优势使得这类区域特别适于发展农林、农牧或林牧综合性特色生态农业。包括："围山转"生态农业模式与配套技术、生态经济沟模式与配套技术、西北地区"牧—沼—粮—草—果"五配套模式与配套技术、生态果园模式及配套技术。

⑩设施生态农业及配套技术：设施生态农业及配套技术是在设施工程的基础上通过以有机肥料全部或部分替代化学肥料（无机营养液）、以生物防治和物理防治措施为主要手段进行病虫害防治、以动、植物的共生互补良性循环等技术构成的新型高效生态农业模式。

⑪观光生态农业模式及配套技术：该模式是指以生态农业为基础，强化农业的观光、休闲、教育和自然等多功能特征，形成具有第三产业特征的一种农业生产经营形式。主要包括高科技生态农业园、精品型生态农业公园、生态观光村和生态农庄等4种模式。

关于引导农村土地经营权有序流转
发展农业适度规模经营的意见

伴随我国工业化、信息化、城镇化和农业现代化进程，农村劳动力大量转移，农业物质技术装备水平不断提高，农户承包土地的经营权流转明显加快，发展适度规模经营已成为必然趋势。实践证明，土地流转和适度规模经营是发展现代农业的必由之路，有利于优化土地资源配置和提高劳动生产率，有利于保障粮食安全和主要农产品供给，有利于促进农业技术推广应用和农业增效、农民增收，应从我国人多地少、农村情况千差万别的实际出发，积极稳妥地推进。为引导农村土地（指承包耕地）经营权有序流转、发展农业适度规模经营，现提出如下意见。

一、总体要求

（1）指导思想。全面理解、准确把握中央关于全面深化农村改革的精神，按照加快构建以农户家庭经营为基础、合作与联合为纽带、社会化服务为支撑的立体式复合型现代农业经营体系和走生产技术先进、经营规模适度、市场竞争力强、生态环境可持续的中国特色新型农业现代化道路的要求，以保障国家粮食安全、促进农业增效和农民增收为目标，坚持农村土地集体所有，实现所有权、承包权、经营权三权分置，引导土地经营权有序流转，坚持家庭经营的基础性地位，积极培育新型经营主体，发展多种形式的适度规模经营，巩固和完善农村基本经营制度。改革的方向要明，步子要稳，既要加大政策扶持力度，加强典型示范引导，鼓励创新农业经营体制机制，又要因地制宜、循序渐进，不能搞大跃进，不能搞强迫命令，不能搞行政瞎指挥，使农业适度规模经营发展与城镇化进程和农村劳动力转移规模相适应，与农业科技进步和生产手段改进程度相适应，与农业社会化服务水平提高相适应，让农民成为土地流转和规模经营的积极参与者和真正受益者，避免走弯路。

（2）基本原则。

——坚持农村土地集体所有权，稳定农户承包权，放活土地经营权，以家庭承包经营为基础，推进家庭经营、集体经营、合作经营、企业经营等多种经营方式共同发展。

——坚持以改革为动力，充分发挥农民首创精神，鼓励创新，支持基层先行先试，靠改革破解发展难题。

——坚持依法、自愿、有偿，以农民为主体，政府扶持引导，市场配置资源，土地经营权流转不得违背承包农户意愿、不得损害农民权益、不得改变土地用途、不得破坏农业综合生产能力和农业生态环境。

——坚持经营规模适度，既要注重提升土地经营规模，又要防止土地过度集中，兼顾效率与公平，不断提高劳动生产率、土地产出率和资源利用率，确保农地农用，重点支持发展粮食规模化生产。

二、稳定完善农村土地承包关系

（3）健全土地承包经营权登记制度。建立健全承包合同取得权利、登记记载权利、证书证明权利的土地承包经营权登记制度，是稳定农村土地承包关系、促进土地经营权流转、发展适度规模经营的重要基础性工作。完善承包合同，健全登记簿，颁发权属证书，强化土地承包经营权物权保护，为开展土地流转、调处土地纠纷、完善补贴政策、进行征地补偿和抵押担保提供重要依据。建立健全土地承包经营权信息应用平台，方便群众查询，利于服务管理。土地承包经营权确权登记原则上确权到户到地，在尊重农民意愿的前提下，也可以确权确股不确地。切实维护妇女的土地承包权益。

（4）推进土地承包经营权确权登记颁证工作。按照中央统一部署、地方全面负责的要求，在稳步扩大试点的基础上，用5年左右时间基本完成土地承包经营权确权登记颁证工作，妥善解决农户承包地块面积不准、四至不清等问题。在工作中，各地要保持承包关系稳定，以现有承包台账、合同、证书为依据确认承包地归属；坚持依法规范操作，严格执行政策，按照规定内容和程序开展工作；充分调动农民群众积极性，依靠村民民主协商，自主解决矛盾纠纷；从实际出发，以农村集体土地所有权确权为基础，以第二次全国土地调查成果为依据，采用符合标准规范、农民群众认可的技术方法；坚持分级负责，强化县乡两级的责任，建立健全党委和政府统一领导、部门密切协作、群众广泛参与的工作机制；科学制订工作方案，明确时间表和路线图，确保工作质量。有关部门要加强调查研究，有针对性地提出操作性政策建议和具体工作指导意见。土地承包经营权确权登记颁证工作经费纳入地方财政预算，中央财政给予补助。

三、规范引导农村土地经营权有序流转

（5）鼓励创新土地流转形式。鼓励承包农户依法采取转包、出租、互换、转让及入股等方式流转承包地。鼓励有条件的地方制定扶持政策，引导农户长期流转承包地并促进其转移就业。鼓励农民在自愿前提下采取互换并地方式解决承包地细碎化问题。在同等条件下，本集体经济组织成员享有土地流转优先权。以转让方式流转承包地的，原则上应在本集体经济组织成员之间进

行，且需经发包方同意。以其他形式流转的，应当依法报发包方备案。抓紧研究探索集体所有权、农户承包权、土地经营权在土地流转中的相互权利关系和具体实现形式。按照全国统一安排，稳步推进土地经营权抵押、担保试点，研究制定统一规范的实施办法，探索建立抵押资产处置机制。

（6）严格规范土地流转行为。土地承包经营权属于农民家庭，土地是否流转、价格如何确定、形式如何选择，应由承包农户自主决定，流转收益应归承包农户所有。流转期限应由流转双方在法律规定的范围内协商确定。没有农户的书面委托，农村基层组织无权以任何方式决定流转农户的承包地，更不能以少数服从多数的名义，将整村整组农户承包地集中对外招商经营。防止少数基层干部私相授受，谋取私利。严禁通过定任务、下指标或将流转面积、流转比例纳入绩效考核等方式推动土地流转。

（7）加强土地流转管理和服务。有关部门要研究制定流转市场运行规范，加快发展多种形式的土地经营权流转市场。依托农村经营管理机构健全土地流转服务平台，完善县乡村三级服务和管理网络，建立土地流转监测制度，为流转双方提供信息发布、政策咨询等服务。土地流转服务主体可以开展信息沟通、委托流转等服务，但禁止层层转包从中牟利。土地流转给非本村（组）集体成员或村（组）集体受农户委托统一组织流转并利用集体资金改良土壤、提高地力的，可向本集体经济组织以外的流入方收取基础设施使用费和土地流转管理服务费，用于农田基本建设或其他公益性支出。引导承包农户与流入方签订书面流转合同，并使用统一的省级合同示范文本。依法保护流入方的土地经营权益，流转合同到期后流入方可在同等条件下优先续约。加强农村土地承包经营纠纷调解仲裁体系建设，健全纠纷调处机制，妥善化解土地承包经营流转纠纷。

（8）合理确定土地经营规模。各地要依据自然经济条件、农村劳动力转移情况、农业机械化水平等因素，研究确定本地区土地规模经营的适宜标准。防止脱离实际、违背农民意愿，片面追求超大规模经营的倾向。现阶段，对土地经营规模相当于当地户均承包地面积 10～15 倍、务农收入相当于当地二、三产业务工收入的，应当给予重点扶持。创新规模经营方式，在引导土地资源适度集聚的同时，通过农民的合作与联合、开展社会化服务等多种形式，提升农业规模化经营水平。

（9）扶持粮食规模化生产。加大粮食生产支持力度，原有粮食直接补贴、良种补贴、农资综合补贴归属由承包农户与流入方协商确定，新增部分应向粮食生产规模经营主体倾斜。在有条件的地方开展按照实际粮食播种面积或产量对生产者补贴试点。对从事粮食规模化生产的农民合作社、家庭农场等经营主体，符合申报农机购置补贴条件的，要优先安排。探索选择运行规范的粮食生产规模经营主体开展目标价格保险试点。抓紧开展粮食生产规模经营主体营销贷款试点，允许用粮食作物、生产及配套辅助设施进行抵押融资。粮食品种保险要逐步实现粮食生产规模经营主体愿保尽保，并适当提高对产粮大县稻谷、小麦、玉米三大粮食品种保险的保费补贴比例。各地区各有关部门要研究制定相应配套办法，更好地为粮食生产规模经营主体提供支持服务。

（10）加强土地流转用途管制。坚持最严格的耕地保护制度，切实保护基本农田。严禁借土地流转之名违规搞非农建设。严禁在流转农地上建设或变相建设旅游度假村、高尔夫球场、别墅、私人会所等。严禁占用基本农田挖塘栽树及其他毁坏种植条件的行为。严禁破坏、污染、圈占闲置耕地和损毁农田基础设施。坚决查处通过"以租代征"违法违规进行非农建设的行为，坚决禁止擅自将耕地"非农化"。利用规划和标准引导设施农业发展，强化设施农用地的用途监管。采取措施保证流转土地用于农业生产，可以通过停发粮食直接补贴、良种补贴、农资综合补贴等办法遏制撂荒耕地的行为。在粮食主产区、粮食生产功能区、高产创建项目实施区，不符合产业规划的经营行为不再享受相关农业生产扶持政策。合理引导粮田流转价格，降低粮食生产成本，稳定粮食种植面积。

四、加快培育新型农业经营主体

（11）发挥家庭经营的基础作用。在今后相当长时期内，普通农户仍占大多数，要继续重视和扶持其发展农业生产。重点培育以家庭成员为主要劳动力、以农业为主要收入来源，从事专业化、集约化农业生产的家庭农场，使之成为引领适度规模经营、发展现代农业的有生力量。分级建立示范家庭农场名录，健全管理服务制度，加强示范引导。鼓励各地整合涉农资金建设连片高标准农田，并优先流向家庭农场、专业大户等规模经营农户。

（12）探索新的集体经营方式。集体经济组织要积极为承包农户开展多种形式的生产服务，通过统一服务降低生产成本、提高生产效率。有条件的地方根据农民意愿，可以统一连片整理耕地，将土地折股量化、确权到户，经营所得收益按股分配，也可以引导农民以承包地入股组建土地股份合作组织，通过自营或委托经营等方式发展农业规模经营。各地要结合实际不断探索和丰富集体经营的实现形式。

（13）加快发展农户间的合作经营。鼓励承包农户通过共同使用农业机械、开展联合营销等方式发展联户经营。鼓励发展多种形式的农民合作组织，深入推进示范社创建活动，促进农民合作社规范发展。在管理民主、运行规范、带动力强的农民合作社和供销合作社基础上，培育发展农村合作金融。引导发展农民专业合作社联合社，支持农民合作社开展农社对接。允许农民以承包经营权入股发展农业产业化经营。探索建立农户入股土地生产性能评价制度，按照耕地数量质量、参照当地土地经营权流转价格计价折股。

（14）鼓励发展适合企业化经营的现代种养业。鼓励农业产业化龙头企业等涉农企业重点从事农产品加工流通和农业社会化服务，带动农户和农民合作社发展规模经营。引导工商资本发展良种种苗繁育、高标准设施农业、规模化养殖等适合企业化经营的现代种养业，开发农村"四荒"资源发展多种经营。支持农业企业与农户、农民合作社建立紧密的利益联结机制，实现合理分工、互利共赢。支持经济发达地区通过农业示范园区引导各类经营主体共同出资、相互持股，发展多种形式的农业混合所有制经济。

（15）加大对新型农业经营主体的扶持力度。鼓励地方扩大对家庭农场、专业大户、农民合作社、龙头企业、农业社会化服务组织的扶持资金规模。支持符合条件的新型农业经营主体优先承担涉农项目，新增农业补贴向新型农业经营主体倾斜。加快建立财政项目资金直接投向符合条件的合作社、财政补助形成的资产转交合作社持有和管护的管理制度。各省（自治区、直辖市）根据实际情况，在年度建设用地指标中可单列一定比例专门用于新型农业经营主体建设配套辅助设施，并按规定减免相关税费。综合运用货币和财税政策工具，引导金融机构建立健全针对新型农业经营主体的信贷、保险支持机制，创新金融产品和服务，加大信贷支持力度，分散规模经营风险。鼓励符合条件的农业产业化龙头企业通过发行短期融资券、中期票据、中小企业集合票据等多种方式，拓宽融资渠道。鼓励融资担保机构为新型农业经营主体提供融资担保服务，鼓励有条件的地方通过设立融资担保专项资金、担保风险补偿基金等加大扶持力度。落实和完善相关税收优惠政策，支持农民合作社发展农产品加工流通。

（16）加强对工商企业租赁农户承包地的监管和风险防范。

各地对工商企业长时间、大面积租赁农户承包地要有明确的上限控制，建立健全资格审查、项目审核、风险保障金制度，对租地条件、经营范围和违规处罚等作出规定。工商企业租赁农户承包地要按面积实行分级备案，严格准入门槛，加强事中事后监管，防止浪费农地资源、损害农民土地权益，防范承包农户因流入方违约或经营不善遭受损失。定期对租赁土地企业的农业经营能力、土地用途和风险防范能力等开展监督检查，查验土地利用、合同履行等情况，及时查处纠正违法违规行为，对符合要求的可给予政策扶持。有关部门要抓紧制定管理办法，并加强对各地落实情况的监督检查。

五、建立健全农业社会化服务体系

（17）培育多元社会化服务组织。巩固乡镇涉农公共服务机构基础条件建设成果。鼓励农技推广、动植物防疫、农产品质量安全监管等公共服务机构围绕发展农业适度规模经营拓展服务范围。大力培育各类经营性服务组织，积极发展良种种苗繁育、统防统治、测土配方施肥、粪污集中处理等农业生产性服务业，大力发展农产品电子商务等现代流通服务业，支持建设粮食烘干、农机场库棚和仓储物流等配套基础设施。农产品初加工和农业灌溉用电执行农业生产用电价格。鼓励以县为单位开展农业社会化服务示范创建活动。开展政府购买农业公益性服务试点，鼓励向经营性服务组织购买易监管、可量化的公益性服务。研究制定政府购买农业公益性服务的指导性目录，建立健全购买服务的标准合同、规范程序和监督机制。积极推广既不改变农户承包关系，又保证地有人种的托管服务模式，鼓励种粮大户、农机大户和农机合作社开展全程托管或主要生产环节托管，实现统一耕作，规模化生产。

（18）开展新型职业农民教育培训。制定专门规划和政策，壮大新型职业农民队伍。整合教育培训资源，改善农业职业学校和其他学校涉农专业办学条件，加快发展农业职业教育，大力发展现代农业远程教育。实施新型职业农民培育工程，围绕主导产业开展农业技能和经营能力培养培训，扩大农村实用人才带头人示范培养培训规模，加大对专业大户、家庭农场经营者、农民合作社带头人、农业企业经营管理人员、农业社会化服务人员和返乡农民工的培养培训力度，把青年农民纳入国家实用人才培养计划。努力构建新型职业农民和农村实用人才培养、认定、扶持体系，建立公益性农民培养培训制度，探索建立培育新型职业农民制度。

（19）发挥供销合作社的优势和作用。扎实推进供销合作社综合改革试点，按照改造自我、服务农民的要求，把供销合作社打造成服务农民生产生活的生力军和综合平台。利用供销合作社农资经营渠道，深化行业合作，推进技物结合，为新型农业经营主体提供服务。推动供销合作社农产品流通企业、农副产品批发市场、网络终端与新型农业经营主体对接，开展农产品生产、加工、流通服务。鼓励基层供销合作社针对农业生产重要环节，与农民签订服务协议，开展合作式、订单式服务，提高服务规模化水平。

土地问题涉及亿万农民切身利益，事关全局。各级党委和政府要充分认识引导农村土地经营权有序流转、发展农业适度规模经营的重要性、复杂性和长期性，切实加强组织领导，严格按照中央政策和国家法律法规办事，及时查处违纪违法行为。坚持从实际出发，加强调查研究，搞好分类指导，充分利用农村改革试验区、现代农业示范区等开展试点试验，认真总结基层和农民群众创造的好经验好做法。加大政策宣传力度，牢固树立政策观念，准确把握政策要求，营造良好的改革发展环境。加强农村经营管理体系建设，明确相应机构承担农村经管工作职责，确保事有人干、责有人负。各有关部门要按照职责分工，抓紧修订完善相关法律法规，建立工作指导和检查监督制度，健全齐抓共管的工作机制，引导农村土地经营权有序流转，促进农业适度规模经营健康发展。

国务院：开展农村土地承包
经营权抵押贷款试点的通知

开展农村土地承包经营权抵押贷款试点

国办发〔2014〕17 号

农村金融是我国金融体系的重要组成部分，是支持服务"三农"发展的重要力量。近年来，我国农村金融取得长足发展，初步形成了多层次、较完善的农村金融体系，服务覆盖面不断扩大，服务水平不断提高。但总体上看，农村金融仍是整个金融体系中最为薄弱的环节。为贯彻落实党的十八大、十八届三中全会精神和国务院的决策部署，积极顺应农业适度规模经营、城乡一体化发展等新情况新趋势新要求，进一步提升农村金融服务的能力和水平，实现农村金融与"三农"的共赢发展，经国务院同意，现提出以下意见。

一、深化农村金融体制机制改革

（1）分类推进金融机构改革。在稳定县域法人地位、维护体系完整、坚持服务"三农"的前提下，进一步深化农村信用社改革，积极稳妥组建农村商业银行，培育合格的市场主体，更好地发挥支农主力军作用。完善农村信用社管理体制，省联社要加快淡出行政管理，强化服务功能，优化协调指导，整合放大服务"三农"的能力。研究制定农业发展银行改革实施总体方案，强化政策性职能定位，明确政策性业务的范围和监管标准，补充资本金，建立健全治理结构，加大对农业开发和农村基础设施建设的中长期信贷支持。鼓励大中型银行根据农村市场需求变化，优化发展战略，加强对"三农"发展的金融支持。深化农业银行"三农金融事业部"改革试点，探索商业金融服务"三农"的可持续模式。鼓励邮政储蓄银行拓展农村金融业务，逐步扩大涉农业务范围。稳步培育发展村镇银行，提高民营资本持股比例，开展面向"三农"的差异化、特色化服务。各涉农金融机构要进一步下沉服务重心，切实做到不脱农、多惠农（银监会、人民银行、发展改革委、财政部、农业部等按职责分工分别负责）。

（2）丰富农村金融服务主体。鼓励建立农业产业投资基金、农业私募股权投资基金和农业科技创业投资基金。支持组建主要服务"三农"的金融租赁公司。鼓励组建政府出资为主、重点开展涉农担保业务的县域融资性担保机构或担保基金，支持其他融资性担保机构为农业生产经营主体提供融资担保服务。规范发展小额贷款公司，建立正向激励机制，拓宽融资渠道，加快接入征信系统，完善管理政策（财政部、发展改革委、银监会、人民银行、证监会、农业部等按职责分工分别负责）。

（3）规范发展农村合作金融。坚持社员制、封闭性、民主管理原则，在不对外吸储放贷、不支付固定回报的前提下，发展农村合作金融。支持农民合作社开展信用合作，积极稳妥组织试点，抓紧制定相关管理办法。在符合条件的农民合作社和供销合作社基础上培育发展农村合作金融组织。有条件的地方，可探索建立合作性的村级融资担保基金（银监会、人民银行、财政部、农业部、供销合作总社等按职责分工分别负责）。

二、大力发展农村普惠金融

（4）优化县域金融机构网点布局。稳定大中型商业银行县域网点，增强网点服务功能。按照强化支农、总量控制原则，对农业发展银行分支机构布局进行调整，重点向中西部及经济落后地区倾斜。加快在农业大县、小微企业集中地区设立村镇银行，支持其在乡镇布设网点（银监会、人民银行、财政部等按职责分工分别负责）。

（5）推动农村基础金融服务全覆盖。在完善财政补贴政策、合理补偿成本风险的基础上，继续推动偏远乡镇基础金融服务全覆盖工作。在具备条件的行政村，开展金融服务"村村通"工程，采取定时定点服务、自助服务终端，以及深化助农取款、汇款、转账服务和手机支付等多种形式，提供简易便民金融服务（银监会、人民银行、财政部等按职责分工分别负责）。

（6）加大金融扶贫力度。进一步发挥政策性金融、商业性金融和合作性金融的互补优势，切实改进对农民工、农村妇女、少数民族等弱势群体的金融服务。完善扶贫贴息贷款政策，引导金融机构全面做好支持农村贫困地区扶贫攻坚的金融服务工作（人民银行、财政部、银监会等按职责分工分别负责）。

三、引导加大涉农资金投放

（7）拓展资金来源。优化支农再贷款投放机制，向农村商业银行、农村合作银行、村镇银行发放支小再贷款，主要用于支持"三农"和农村地区小微企业发展。支持银行业金融机构发行专项用于"三农"的金融债。开展涉农资产证券化试点。对符合"三农"金融服务要求的县域农村商业银行和农村合作银行，适当降低存款准备金率（人民银行、银监会、证监会等按职责分工分别负责）。

（8）强化政策引导。切实落实县域银行业法人机构一定比例存款投放当地的政策。探索建立商业银行新设县域分支机构信贷投放承诺制度。支持符合监管要求的县域银行业金融机构扩大信贷投放，持续提高存贷比（人民银行、银监会、财政部等按职责分工分别负责）。

（9）完善信贷机制。在强化涉农业务全面风险管理的基础上，鼓励商业银行单列涉农信贷计划，下放贷款审批权限，优化绩效考核机制，推行尽职免责制度，调动"三农"信贷投放的内在积极性（银监会、人民银行等按职责分工分别负责）。

四、创新农村金融产品和服务方式

（10）创新农村金融产品。推行"一次核定、随用随贷、余额控制、周转使用、动态调整"的农户信贷模式，合理确定贷款额度、放款进度和回收期限。加快在农村地区推广应用微贷技术。推广产业链金融模式。大力发展农村电话银行、网上银行业务。创新和推广专营机构、信贷工厂等服务模式。鼓励开展农业机械等方面的金融租赁业务（银监会、人民银行、农业部、工业和信息化部、发展改革委等按职责分工分别负责）。

（11）创新农村抵（质）押担保方式。制定农村土地承包经营权抵押贷款试点管理办法，在经批准的地区开展试点。慎重稳妥地开展农民住房财产权抵押试点。健全完善林权抵押登记系统，扩大林权抵押贷款规模。推广以农业机械设备、运输工具、水域滩涂养殖权、承包土地收益权等为标的的新型抵押担保方式。加强涉农信贷与涉农保险合作，将涉农保险投保情况作为授信要素，探索拓宽涉农保险保单质押范围（人民银行、银监会、保监会、国土资源部、农业部、林业局等按职责分工分别负责）。

（12）改进服务方式。进一步简化金融服务手续，推行通俗易懂的合同文本，优化审批流程，规范服务收费，严禁在提供金融服务时附加不合理条件和额外费用，切实维护农民利益（银监会、证监会、保监会、发展改革委、人民银行等按职责分工分别负责）。

五、加大对重点领域的金融支持

（13）支持农业经营方式创新。在部分地区开展金融支持农业规模化生产和集约化经营试点。积极推动金融产品、利率、期限、额度、流程、风险控制等方面创新，进一步满足家庭农场、专业大户、农民合作社和农业产业化龙头企业等新型农业经营主体的金融需求。继续加大对农民扩大再生产、消费升级和自主创业的金融支持力度（银监会、人民银行、农业部、证监会、保监会、发展改革委等按职责分工分别负责）。

（14）支持提升农业综合生产能力。加大对耕地整理、农田水利、粮棉油糖高产创建、畜禽水产品标准化养殖、种养业良种生产等经营项目的信贷支持力度。重点支持农业科技进步、现代种业、农机装备制造、设施农业、农产品精深加工等现代农业项目和高科技农业项目（银监会、人民银行、发展改革委、农业部等按职责分工分别负责）。

（15）支持农业社会化服务产业发展。支持农产品产地批发市场、零售市场、仓储物流设施、连锁零售等服务设施建设（银监会、人民银行、发展改革委、财政部、农业部、商务部、供销合作总社等按职责分工分别负责）。

（16）支持农业发展方式转变。大力发展绿色金融，促进节水农业、循环农业和生态友好型农业发展（人民银行、银监会、农业部、林业局、发展改革委等按职责分工分别负责）。

（17）探索支持新型城镇化发展的有效方式。创新适应新型城镇化发展的金融服务机制，重点发挥政策性金融作用，稳步拓宽城镇建设融资渠道，着力做好农业转移人口的综合性金融服务（人民银行、发展改革委、财政部、银监会等按职责分工分别负责）。

六、拓展农业保险的广度和深度

（18）扩大农业保险覆盖面。重点发展关系国计民生和国家粮食安全的农作物保险、主要畜产品保险、重要"菜篮子"品种保险和森林保险。推广农房、农机具、设施农业、渔业、制种保险等业务（保监会、财政部、农业部、林业局等按职责分工分别负责）。

（19）创新农业保险产品。稳步开展主要粮食作物、生猪和蔬菜价格保险试点，鼓励各地区因地制宜开展特色优势农产品保险试点。创新研发天气指数、农村小额信贷保证保险等新型险种（保监会、财政部、农业部、林业局、银监会、发展改革委等按职责分工分别负责）。

（20）完善保费补贴政策。提高中央、省级财政对主要粮食作物保险的保费补贴比例，逐步减少或取消产粮大县的县级保费补贴（财政部、保监会、农业部等按职责分工分别负责）。

（21）加快建立财政支持的农业保险大灾风险分散机制，增强对重大自然灾害风险的抵御能力（财政部、保监会、农业部等按职责分工分别负责）。

（22）加强农业保险基层服务体系建设，不断提高农业保险服务水平（保监会、财政部、农业部、林业局等按职责分工分别负责）。

七、稳步培育发展农村资本市场

（23）大力发展农村直接融资。支持符合条件的涉农企业在多层次资本市场上进行融资，鼓励发行企业债、公司债和中小企业私募债。逐步扩大涉农企业发行中小企业集合票据、短期融资券等非金融企业债务融资工具的规模。支持符合条件的农村金融机构发行优先股和二级资本工具（证监会、人民银行、发展改革委、银监会等按职责分工分别负责）。

（24）发挥农产品期货市场的价格发现和风险规避功能。积极推动农产品期货新品种开发，拓展农产品期货业务。完善商品期货交易机制，加强信息服务，推动农民合作社等农村经济组织参与期货交易，鼓励农产品生产经营企业进入期货市场开展套期保值业务（证监会负责）。

（25）谨慎稳妥地发展农村地区证券期货服务。根据农村地区特点，有针对性地提升证券期货机构的专业能力，探索建立农村地区证券期货服务模式，支持农户、农业企业和农村经济组织进行风险管理，加强对投资者的风险意识教育和风险管理培训，切实保护投资者合法权益（证监会负责）。

八、完善农村金融基础设施

（26）推进农村信用体系建设。继续组织开展信用户、信用村、信用乡（镇）创建活动，加强征信宣传教育，坚决打击骗贷、骗保和恶意逃债行为（人民银行、银监会、保监会、公安部、发展改革委等按职责分工分别负责）。

（27）发展农村交易市场和中介组织。在严格遵守《国务院关于清理整顿各类交易场所切实防范金融风险的决定》（国发〔2011〕38号）的前提下，探索推进农村产权交易市场建设，积极培育土地评估、资产评估等中介组织，建设具有国内外影响力的农产品交易中心（证监会、发展改革委、国土资源部、农业部、财政部等按职责分工分别负责）。

（28）改善农村支付服务环境。推广非现金支付工具和支付清算系统，稳步推广农村移动便捷支付，不断提高农村地区支付服务水平（人民银行、工业和信息化部、银监会等按职责分工分别负责）。

（29）保护农村金融消费者权益。畅通农村金融消费者诉求渠道，妥善处理金融消费纠纷。继续开展送金融知识下乡、入社区、进校园活动，提高金融知识普及教育的有效性和针对性，增强广大农民风险识别、自我保护的意识和能力（银监会、证监会、保监会、人民银行、公安部等按职责分工分别负责）。

九、加大对"三农"金融服务的政策支持

（30）健全政策扶持体系。完善政策协调机制，加快建立导向明确、激励有效、约束严格、协调配套的长期化、制度化农村金融政策扶持体系，为金融机构开展"三农"业务提供稳定的政策预期（财政部、人民银行、银监会、税务总局、证监会、保监会等按职责分工分别负责）。

（31）加大政策支持力度。按照"政府引导、市场运作"原则，综合运用奖励、补贴、税收优惠等政策工具，重点支持金融机构开展农户小额贷款、新型农业经营主体贷款、农业种植业养殖业贷款、大宗农产品保险，以及银行卡助农取款、汇款、转账等支农惠农政策性支付业务。按照"鼓励增量，兼顾存量"原则，完善涉农贷款财政奖励制度。优化农村金融税收政策，完善农户小额贷款税收优惠政策。落实对新型农村金融机构和基础金融服务薄弱地区的银行业金融机构（网点）的定向费用补贴政策。完善农村信贷损失补偿机制，探索建立地方财政出资的涉农信贷风险补偿基金。对涉农贷款占比高的县域银行业法人机构实行弹性存贷比，优先支持开展"三农"金融产品创新（财政部、人民银行、税务总局、银监会、保监会等按职责分工分别负责）。

（32）完善涉农贷款统计制度。全面、及时、准确反映农林牧渔业贷款、农户贷款、农村小微企业贷款以及农民合作社贷款情况，依据涉农贷款统计的多维口径制定金融政策和差别化监管措施，提高政策支持的针对性和有效性（人民银行、银监会等按职责分工分别负责）。

（33）开展政策效果评估，不断完善相关政策措施，更好地引导带动金融机构支持"三农"发展（财政部、人民银行、银监会、农业部、税务总局、证监会、保监会等按职责分工分别负责）。

（34）防范金融风险。金融管理部门要按照职责分工，加强金融监管，着力做好风险识别、监测、评估、预警和控制工作，进一步发挥金融监管协调部际联席会议制度的作用，不断健全新形势下的风险处置机制，切实维护金融稳定。各金融机构要进一步健全制度，完善风险管理。地方人民政府要按照监管规则和要求，切实担负起对小额贷款公司、担保公司、典当行、农村资金互助合作组织的监管责任，层层落实突发金融风险事件处置的组织职责，制定完善风险应对预案，守住底线（银监会、证监会、保监会、人民银行等按职责分工分别负责）。

（35）加强督促检查。各地区、各有关部门和各金融机构要按照国务院统一部署，增强做好"三农"金融服务工作的责任感和使命感，各司其职，协调配合，扎实推动各项工作。地方各级人民政府要结合本地区实际，抓紧研究制定扶持政策，加大对农村金融改革发展的政策支持力度。各省、自治区、直辖市人民政府要按年度对本地区金融支持"三农"发展工作进行全面总结，提出政策意见和建议，于次年1月底前报国务院。各有关部门要按照职责分工精心组织，切实抓好贯彻落实工作，银监会要牵头做好督促检查和各地区工作情况的汇总工作，确保各项政策措落实到位。

国务院办公厅
2014 年 4 月 20 日

附录三

农业部关于促进家庭农场
发展的指导意见

2014 年 2 月 24 日，农业部以农经发〔2014〕1 号印发《关于促进家庭农场发展的指导意见》。该《意见》分充分认识促进家庭农场发展的重要意义、把握家庭农场基本特征、明确工作指导要求、探索建立家庭农场管理服务制度、引导承包土地向家庭农场流转、落实对家庭农场的相关扶持政策、强化面向家庭农场的社会化服务、完善家庭农场人才支撑政策、引导家庭农场加强联合与合作、加强组织领导 10 部分。

近年来，各地顺应形势发展需要，积极培育和发展家庭农场，取得了初步成效，积累了一定经验。为贯彻落实党的十八届三中全会、中央农村工作会议精神和中央"1 号文件"要求，加快构建新型农业经营体系，现就促进家庭农场发展提出以下意见。

（1）充分认识促进家庭农场发展的重要意义。当前，我国农业农村发展进入新阶段，要应对农业兼业化、农村空心化、农民老龄化，解决谁来种地、怎样种好地的问题，亟须加快构建新型农业经营体系。家庭农场作为新型农业经营主体，以农民家庭成员为主要劳动力，以农业经营收入为主要收入来源，利用家庭承包土地或流转土地，从事规模化、集约化、商品化农业生产，保留了农户家庭经营的内核，坚持了家庭经营的基础性地位，适合我国基本国情，符合农业生产特点，契合经济社会发展阶段，是农户家庭承包经营的升级版，已成为引领适度规模经营、发展现代农业的有生力量。各级农业部门要充分认识发展家庭农场的重要意义，把这项工作摆上重要议事日程，切实加强政策扶持和工作指导。

（2）把握家庭农场基本特征。现阶段，家庭农场经营者主要是农民或其他长期从事农业生产的人员，主要依靠家庭成员而不是依靠雇工从事生产经营活动。家庭农场专门从事农业，主要进行种养业专业化生产，经营者大都接受过农业教育或技能培训，经营管理水平较高，示范带动能力较强，具有商品农产品生产能力。家庭农场经营规模适度，种养规模与家庭成员的劳动生产能力和经营管理能力相适应，符合当地确定的规模经营标准，收入水平能与当地城镇居民相当，实现较高的土地产出率、劳动生产率和资源利用率。各地要正确把握家庭农场特征，从实际出发，根据产业特点和家庭农场发展进程，引导其健康发展。

（3）明确工作指导要求。在我国，家庭农场作为新生事物，还处在发展的起步阶段。当前主要是鼓励发展、支持发展，并在实践中不断探索、逐步规范。发展家庭农场要紧紧围绕提高农业综合生产能力、促进粮食生产、农业增效和农民增收来开展，要重点鼓励和扶持家庭农场发展粮食规模化生产。要坚持农村基本经营制度，以家庭承包经营为基础，在土地承包经营权有序流转的基础上，结合培育新型农业经营主体和发展农业适度规模经营，通过政策扶持、示范引导、完善服务，积极稳妥地加以推进。要充分认识到，在相当长时期内普通农户仍是农业生产经营的基础，在发展家庭农场的同时，不能忽视普通农户的地位和作用。要充分认识到，不断发展起来的家庭经营、集体经营、合作经营、企业经营等多种经营方式，各具特色、各有优势，家庭农场与专业大户、农民合作社、农业产业化经营组织、农业企业、社会化服务组织等多种经营主体，都有各自的适应性和发展空间，发展家庭农场不排斥其他农业经营形式和经营主体，不只追求一种模式、一个标准。要充分认识到，家庭农场发展是一个渐进过程，要靠农民自主选择，防止脱离当地实际、违背农民意愿、片面追求超大规模经营的倾向，人为归大堆、垒大户。

（4）探索建立家庭农场管理服务制度。为增强扶持政策的精准性、指向性，县级农业部门要建立家庭农场档案，县以上农业部门可从当地实际出发，明确家庭农场认定标准，对经营者资格、劳动力结构、收入构成、经营规模、管理水平等提出相应要求。各地要积极开展示范家庭农场创建活动，建立和发布示范家庭农场名录，引导和促进家庭农场提高经营管理水平。依照自愿原则，家庭农场可自主决定办理工商注册登记，以取得相应市场主体资格。

（5）引导承包土地向家庭农场流转。健全土地流转服务体系，为流转双方提供信息发布、政策咨询、价格评估、合同签订指导等便捷服务。引导和鼓励家庭农场经营者通过实物计租货币结算、租金动态调整、土地经营权入股保底分红等利益分配方式，稳定土地流转关系，形成适度的土地经营规模。鼓励有条件的地方将土地确权登记、互换并地与农田基础设施建设相结合，整合高标准农田建设等项目资金，建设连片成方、旱涝保收的农田，引导流向家庭农场等新型经营主体。

（6）落实对家庭农场的相关扶持政策。各级农业部门要将家庭农场纳入现有支农政策扶持范围，并予以倾斜，重点支持家庭农场稳定经营规模、改善生产条件、提高技术水平、改进经营管理等。加强与有关部门沟通协调，推动落实涉农建设项目、财政补贴、税收优惠、信贷支持、抵押担保、农业保险、设施用地等相关政策，帮助解决家庭农场发展中遇到的困难和问题。

（7）强化面向家庭农场的社会化服务。基层农业技术推广机构要把家庭农场作为重要服务对象，有效提供农业技术推广、优良品种引进、动植物疫病防控、质量检测检验、农资供应和市场营销等服务。支持有条件的家庭农场建设试验示范基地，担任农业科技示范户，参与实施农业技术推广项目。引导和鼓励各类农业社会化服务组织开展面向家庭农场的代耕代种代收、病虫害统防统治、肥料统配统施、集中育苗育秧、灌溉排水、贮藏保鲜等经营性社会化服务。

（8）完善家庭农场人才支撑政策。各地要加大对家庭农场经营者的培训力度，确立培训目标、丰富培训内容、增强培训实效，有计划地开展培训。要完善相关政策措施，鼓励中高等学校特别是农业职业院校毕业生、新型农民和农村实用人才、务工经商返乡人员等兴办家庭农场。将家庭农场经营者纳入新型职业农民、农村实用人才、"阳光工程"等培育计划。完善农业职业教育制度，鼓励家庭农场经营者通过多种形式参加中高等职业教育提高学历层次，取得职业资格证书或农民技术职称。

（9）引导家庭农场加强联合与合作。引导从事同类农产品生产的家庭农场通过组建协会等方式，加强相互交流与联合。鼓励家庭农场牵头或参与组建合作社，带动其他农户共同发展。鼓励工商企业通过订单农业、示范基地等方式，与家庭农场建立稳定的利益联结机制，提高农业组织化程度。

（10）加强组织领导。各级农业部门要深入调查研究，积极向党委、政府反映情况、提出建议，研究制定本地区促进家庭农场发展的政策措施，加强与发改、财政、工商、国土、金融、保险等部门协作配合，形成工作合力，共同推进家庭农场健康发展。要加强对家庭农场财务管理和经营指导，做好家庭农场统计调查工作。及时总结家庭农场发展过程中的好经验、好做法，充分运用各类新闻媒体加强宣传，营造良好社会氛围。

国有农场可参照本意见，对农场职工兴办家庭农场给予指导和扶持。

农业部

2014 年 2 月 24 日

中国人民银行
关于做好家庭农场等新型农业
经营主体金融服务的指导意见

为贯彻落实党的十八届三中全会、中央经济工作会议、中央农村工作会议和《中共中央国务院关于全面深化农村改革加快推进农业现代化的若干意见》（中发〔2014〕1号）精神，扎实做好家庭农场等新型农业经营主体金融服务，现提出如下意见。

（1）充分认识新形势下做好家庭农场等新型农业经营主体金融服务的重要意义。家庭农场、专业大户、农民合作社、产业化龙头企业等新型农业经营主体是当前实现农村农户经营制度基本稳定和农业适度规模经营有效结合的重要载体。培育发展家庭农场等新型农业经营主体，加大对新型农业经营主体的金融支持，对于加快推进农业现代化、促进城乡统筹发展和实现"四化同步"目标具有重要意义。人民银行各分支机构、各银行业金融机构要充分认识农业现代化发展的必然趋势和家庭农场等新型农业经营主体的历史地位，积极推动金融产品、利率、期限、额度、流程、风险控制等方面创新，合理调配信贷资源，扎实做好新型农业经营主体各项金融服务工作，支持和促进农民增收致富和现代农业加快发展。

（2）切实加大对家庭农场等新型农业经营主体的信贷支持力度。各银行业金融机构对经营管理比较规范、主要从事农业生产、有一定生产经营规模、收益相对稳定的家庭农场等新型农业经营主体，应采取灵活方式确定承贷主体，按照"宜场则场、宜户则户、宜企则企、宜社则社"的原则，简化审贷流程，确保其合理信贷需求得到有效满足。重点支持新型农业经营主体购买农业生产资料、购置农机具、受让土地承包经营权、从事农田整理、农田水利、大棚等基础设施建设维修等农业生产用途，发展多种形式规模经营。

（3）合理确定贷款利率水平，有效降低新型农业经营主体的融资成本。对于符合条件的家庭农场等新型农业经营主体贷款，各银行业金融机构应从服务现代农业发展的大局出发，根据市场化原则，综合调配信贷资源，合理确定利率水平。对于地方政府出台了财政贴息和风险补偿政策以及通过抵质押或引入保险、担保机制等符合条件的新型农业经营主体贷款，利率原则上应低于本机构同类同档次贷款利率平均水平。各银行业金融机构在贷款利率之外不应附加收费，不得搭售理财产品或附加其他变相提高融资成本的条件，切实降低新型农业经营主体融资成本。

（4）适当延长贷款期限，满足农业生产周期实际需求。对日常生产经营和农业机械购买需求，提供1年期以内短期流动资金贷款和1~3年期中长期流动资金贷款支持；对于受让土地承包经营权、农田整理、农田水利、农业科技、农业社会化服务体系建设等，可以提供3年期以上农业项目贷款支持；对于从事林木、果业、茶叶及林下经济等生长周期较长作物种植的，贷款期限最长可为10年，具体期限由金融机构与借款人根据实际情况协商确定。在贷款利率和期限确定的前提下，可适当延长本息的偿付周期，提高信贷资金的使用效率。对于林果种植等生产周期较长的贷款，各银行业金融机构可在风险可控的前提下，允许贷款到期后适当展期。

（5）合理确定贷款额度，满足农业现代化经营资金需求。各银行业金融机构要根据借款人生产经营状况、偿债能力、还款来源、贷款真实需求、信用状况、担保方式等因素，合理确定新型农业经营主体贷款的最高额度。原则上，从事种植业的专业大户和家庭农场贷款金额最高可以为借款人农业生产经营所需投入资金的70％，其他专业大户和家庭农场贷款金额最高可以为借款人农业生产经营所需投入资金的60％。家庭农场单户贷款原则上最高可达 1 000 万元。鼓励银行业金融机构在信用评定基础上对农民合作社示范社开展联合授信，增加农民合作社发展资金，支持农村合作经济发展。

(6) 加快农村金融产品和服务方式创新，积极拓宽新型农业经营主体抵质押物担保物范围。各银行业金融机构要加大农村金融产品和服务方式创新力度，针对不同类型、不同经营规模家庭农场等新型农业经营主体的差异化资金需求，提供多样化的融资方案。对于种植粮食类新型农业经营主体，应重点开展农机具抵押、存货抵押、大额订单质押、涉农直补资金担保、土地流转收益保证贷款等业务，探索开展粮食生产规模经营主体营销贷款创新产品；对于种植经济作物类新型农业经营主体，要探索蔬菜大棚抵押、现金流抵押、林权抵押、应收账款质押贷款等金融产品；对于畜禽养殖类新型农业经营主体，要重点创新厂房抵押、畜禽产品抵押、水域滩涂使用权抵押贷款业务；对产业化程度高的新型农业经营主体，要开展"新型农业经营主体＋农户"等供应链金融服务；对资信情况良好、资金周转量大的新型农业经营主体要积极发放信用贷款。人民银行各分支机构要根据中央统一部署，主动参与制定辖区试点实施方案，因地制宜，统筹规划，积极稳妥推动辖内农村土地承包经营权抵押贷款试点工作，鼓励金融机构推出专门的农村土地承包经营权抵押贷款产品，配置足够的信贷资源，创新开展农村土地承包经营权抵押贷款业务。

(7) 加强农村金融基础设施建设，努力提升新型农业经营主体综合金融服务水平。进一步改善农村支付环境，鼓励各商业银行大力开展农村支付业务创新，推广 POS 机、网上银行、电话银行等新型支付业务，多渠道为家庭农场提供便捷的支付结算服务。支持农村粮食、蔬菜、农产品、农业生产资料等各类专业市场使用银行卡、电子汇划等非现金支付方式。探索依托超市、农资站等组建村组金融服务联系点，深化银行卡助农取款服务和农民工银行卡特色服务，进一步丰富村组的基础性金融服务种类。完善农村支付服务政策扶持体系。持续推进农村信用体系建设，建立健全对家庭农场、专业大户、农民合作社的信用采集和评价制度，鼓励金融机构将新型农业经营主体的信用评价与信贷投放相结合，探索将家庭农场纳入征信系统管理，将家庭农场主要成员一并纳入管理，支持守信家庭农场融资。

（8）切实发挥涉农金融机构在支持新型农业经营主体发展中的作用。农村信用社（包括农村商业银行、农村合作银行）要增强支农服务功能，加大对新型农业经营主体的信贷投入；农业发展银行要围绕粮棉油等主要农产品的生产、收购、加工、销售，通过"产业化龙头企业＋家庭农场"等模式促进新型农业经营主体做大做强。积极支持农村土地整治开发、高标准农田建设、农田水利等农村基础设施建设，改善农业生产条件；农业银行要充分利用作为国有商业银行"面向三农"的市场定位和"三农金融事业部"改革的特殊优势，创新完善针对新型农业经营主体的贷款产品，探索服务家庭农场的新模式；邮政储蓄银行要加大对"三农"金融业务的资源配置，进一步强化县以下机构网点功能，不断丰富针对家庭农场等新型农业经营主体的信贷产品。农业发展银行、农业银行、邮政储蓄银行和农村信用社等涉农金融机构要积极探索支持新型农业经营主体的有效形式，可选择部分农业生产重点省份的县（市），提供"一对一服务"，重点支持一批家庭农场等新型农业经营主体发展现代农业。其他涉农银行业金融机构及小额贷款公司，也要在风险可控前提下，创新信贷管理体制，优化信贷管理流程，积极支持新型农业经营主体发展。

（9）综合运用多种货币政策工具，支持涉农金融机构加大对家庭农场等新型农业经营主体的信贷投入。人民银行各分支机构要综合考虑差别准备金动态调整机制有关参数，引导地方法人金融机构增加县域资金投入，加大对家庭农场等新型农业经营主体的信贷支持。对于支持新型农业经营主体信贷投放较多的金融机构，要在发放支农再贷款、办理再贴现时给予优先支持。通过支农再贷款额度在地区间的调剂，不断加大对粮食主产区的倾斜，引导金融机构增加对粮食主产区新型农业经营主体的信贷支持。

（10）创新信贷政策实施方式。人民银行各分支机构要将新型农业经营主体金融服务工作与农村金融产品和服务方式创新、农村金融产品创新示范县创建工作有机结合，推动涉农信贷政策产品化，力争做到"一行一品"，确保政策落到实处。充分发挥县域法人金融机构新增存款一定比例用于当地贷款考核政策的引导作用，提高县域法人金融机构支持新型农业经营主体的意愿和能力。深入开展涉农信贷政策导向效果评估，将对新型农业经营主体的信贷投放情况纳入信贷政策导向效果评估，以评估引导带动金融机构支持新型农业经营主体发展。

（11）拓宽家庭农场等新型农业经营主体多元化融资渠道。对经工商注册为有限责任公司、达到企业化经营标准、满足规范化信息披露要求且符合债务融资工具市场发行条件的新型家庭农场，可在银行间市场建立绿色通道，探索公开或私募发债融资。支持符合条件的银行发行金融债券专项用于"三农"贷款，加强对募集资金用途的后续监督管理，有效增加新型农业经营主体信贷资金来源。鼓励支持金融机构选择涉农贷款开展信贷资产证

券化试点，盘活存量资金，支持家庭农场等新型农业经营主体
发展。

（12）加大政策资源整合力度。人民银行各分支机构要积极
推动当地政府出台对家庭农场等新型农业经营主体贷款的风险奖
补政策，切实降低新型农业经营主体融资成本。鼓励有条件的地
区由政府出资设立融资性担保公司或在现有融资性担保公司中拿
出专项额度，为新型农业经营主体提供贷款担保服务。各银行业
金融机构要加强与办理新型农业经营主体担保业务的担保机构的
合作，适当扩大保证金的放大倍数，推广"贷款＋保险"的融
资模式，满足新型农业经营主体的资金需求。推动地方政府建立
农村产权交易市场，探索农村集体资产有序流转的风险防范和保
障制度。

（13）加强组织协调和统计监测工作。人民银行各分支机构
要加强与地方政府有关部门和监管部门的沟通协调，建立信息共
享和工作协调机制，确保对家庭农场等新型农业经营主体的金融
服务政策落到实处。要积极开展对辖区内各经办银行的业务指导
和统计分析，按户、按金融机构做好家庭农场等新型农业经营主
体金融服务的季度统计报告，动态跟踪辖区内新型农业经营主体
金融服务工作进展情况。同时，要密切关注主要农产品生产经营
形势、供需情况、市场价格变化，防范新型农业经营主体信贷
风险。

请人民银行各分支机构将本通知转发至辖区内相关金融机
构，并做好贯彻落实工作，有关落实情况和问题要及时上报
总行。